中等职业学校计算机系列教材

zhongdeng zhiye xuexiao jisuanji xilie jiaocai

计算机辅助设计

AutoCAD 2008

中文版 基础教程（第2版）

李善锋 王小艳 主编

黄春永 周哲通 吴强 副主编

U0254383

人民邮电出版社

北 京

图书在版编目（ＣＩＰ）数据

计算机辅助设计 ：AutoCAD 2008中文版基础教程 / 李善锋，王小艳主编. -- 2版. -- 北京 ：人民邮电出版社，2013.3（2023.8重印）
中等职业学校计算机系列教材
ISBN 978-7-115-30542-8

Ⅰ．①计… Ⅱ．①李… ②王… Ⅲ．①计算机辅助设计－AutoCAD软件－中等专业学校－教材 Ⅳ. ①TP391.72

中国版本图书馆CIP数据核字(2012)第309180号

内 容 提 要

本书采用项目教学法，介绍 AutoCAD 基本功能，重点培养学生 AutoCAD 绘图技能，提高解决实际问题的能力。

全书共 10 个项目，其中项目一至项目八主要介绍了 AutoCAD 2008 的基本操作、用 AutoCAD 2008 绘制一般机械图形及书写文字和标注尺寸的方法，项目九和项目十具体介绍了打印图形的方法与技巧及绘制和编辑三维图形的方法与步骤。

本书可作为中等职业学校 AutoCAD 课程的教材，也可作为各类机械制图培训班的教材。

◆ 主　　编　李善锋　王小艳
　　副 主 编　黄春永　周哲通　吴　强
　　责任编辑　王　平

◆ 人民邮电出版社出版发行　　北京市丰台区成寿寺路 11 号
　　邮编　100164　　电子邮件　315@ptpress.com.cn
　　网址　http://www.ptpress.com.cn
　　固安县铭成印刷有限公司印刷

◆ 开本：787×1092　　1/16
　　印张：13.5　　　　　　　　2013 年 3 月第 2 版
　　字数：334 千字　　　　　　2023 年 8 月河北第 25 次印刷

ISBN 978-7-115-30542-8
定价：28.50 元
读者服务热线：(010)81055256　印装质量热线：(010)81055316
反盗版热线：(010)81055315
广告经营许可证：京东市监广登字20170147号

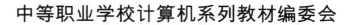

序

中等职业教育是我国职业教育的重要组成部分，中等职业教育的培养目标定位于具有综合职业能力，在生产、服务、技术和管理第一线工作的高素质的劳动者。

随着我国职业教育的发展，教育教学改革的不断深入，由国家教育部组织的中等职业教育新一轮教育教学改革已经开始。根据教育部颁布的《教育部关于进一步深化中等职业教育教学改革的若干意见》的文件精神，坚持以就业为导向、以学生为本的原则，针对中等职业学校计算机教学思路与方法的不断改革和创新，人民邮电出版社精心策划了《中等职业学校计算机系列教材》。

本套教材注重中职学校的授课情况及学生的认知特点，在内容上加大了与实际应用相结合案例的编写比例，突出基础知识、基本技能。为了满足不同学校的教学要求，本套教材中的4个系列，分别采用3种教学形式编写。

- 《中等职业学校计算机系列教材——项目教学》：采用项目任务的教学形式，目的是提高学生的学习兴趣，使学生在积极主动地解决问题的过程中掌握就业岗位技能。
- 《中等职业学校计算机系列教材——精品系列》：采用典型案例的教学形式，力求在理论知识"够用为度"的基础上，使学生学到实用的基础知识和技能。
- 《中等职业学校计算机系列教材——机房上课版》：采用机房上课的教学形式，内容体现在机房上课的教学组织特点，学生在边学边练中掌握实际技能。
- 《中等职业学校计算机系列教材——网络专业》：网络专业主干课程的教材，采用项目教学的方式，注重学生动手能力的培养。

为了方便教学，我们免费为选用本套教材的老师提供教学辅助资源，教师可以登录人民邮电出版社教学服务与资源网（http://www.ptpedu.com.cn）下载相关资源，内容包括如下。

- 教材的电子课件。
- 教材中所有案例素材及案例效果图。
- 教材的习题答案。
- 教材中案例的源代码。

在教材使用中有什么意见或建议，均可直接与我们联系，电子邮件地址是wangping@ptpress.com.cn。

中等职业学校计算机系列教材编委会

2012 年 11 月

 第 2 版前言

计算机技术与工程设计技术的结合产生了极具生命力的新兴交叉技术——CAD 技术。AutoCAD 是 CAD 技术领域中一款基础性的应用软件包，由美国 Autodesk 公司研制开发。AutoCAD 具有丰富的绘图功能，简便易学，受到了广大工程技术人员的普遍欢迎。目前，AutoCAD 已广泛应用于机械、电子、建筑、服装及船舶等工程设计领域，极大地提高了设计人员的工作效率。

本教材根据教育部 2010 年颁布的《中等职业学校专业目录》中专业技能和岗位技能的要求，并以《全国计算机信息高新技术考试技能培训和鉴定标准》中"职业技能四级"（操作员）的知识点为标准，专门为中等职业学校编写。学生通过学习本教材，可以掌握 AutoCAD 的基本操作和实用技巧，并能顺利通过相关的职业技能考核。

本书具有以下特色。

• 以"任务驱动，项目教学"为出发点，将理论知识的讲解融于绘图项目中，从而使学生的学习具有很强的目的性，极大地增强了学生的学习兴趣，提高了学习效率。

• 任务多、练习多是本书另一突出特色。通过大量的实践训练，使学生熟练掌握 AutoCAD 的绘图命令，增强绘图技能。

本课程的学时为 72 课时，各项目的教学课时可参见下面的课时分配表。

章 节	课 程 内 容	课 时 分 配	
		讲授	实践训练
项目一	了解用户界面及学习基本操作	2	2
项目二	绘制直线构成的平面图形	3	4
项目三	绘制直线、圆构成的平面图形	4	5
项目四	绘制多边形、椭圆等对象组成的平面图形	4	4
项目五	绘制倾斜图形	3	4
项目六	绘制圆点、图块等对象组成的图形	3	4
项目七	书写文字	3	4
项目八	标注尺寸	3	4
项目九	打印图形	2	2
项目十	创建三维实体模型	5	7
课 时 总 计		32	40

本书由李善锋、王小艳担任主编，黄春永、周哲通和吴强任副主编，参加本书编写工作的还有沈精虎、黄业清、宋一兵、谭雪松、向先波、冯辉、计晓明、滕玲、董彩霞、管振起等。由于作者水平有限，书中难免存在疏漏之处，敬请各位老师和同学指正。

编者

2012 年 11 月

目 录

项目一
了解用户界面及学习基本操作

　　首先，用户要熟悉 AutoCAD 2008 的界面，了解 AutoCAD 2008 窗口中各部分的功能。其次，用户要学会怎样与绘图程序对话，即如何下达命令及产生错误后如何处理等操作。

　　本项目通过两个任务介绍如何布置用户界面及如何绘制简单平面图形。

学习目标

了解 AutoCAD 2008 的用户界面。
掌握创建新图形及保存图形的方法。
熟悉 AutoCAD 2008 的命令。
掌握设置图层、线型、线宽及颜色的方法。
掌握缩放及平移图形的方法。

任务一　布置用户界面

　　AutoCAD 2008 的用户界面如图 1-1 所示，该界面主要由标题栏、菜单栏、绘图窗口、工具栏、面板、命令提示窗口和状态栏等部分组成。

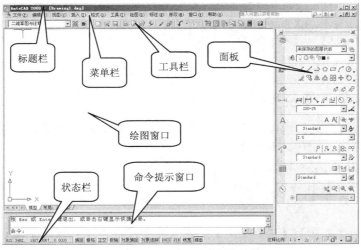

图 1-1　AutoCAD 2008 的用户界面

（一） 打开及布置工具栏

工具栏提供了访问 AutoCAD 2008 命令的快捷方式，它包含了许多命令按钮，用户只需单击某个按钮，AutoCAD 2008 就会执行相应的命令，【绘图】工具栏如图 1-2 所示。用户可移动工具栏或改变工具栏的形状，以及打开或关闭工具栏。

【步骤解析】

1. 将鼠标光标移动到工具栏边缘或双线处，按住鼠标左键并拖动鼠标光标，工具栏就随鼠标光标移动；将鼠标光标放置在拖出的工具栏边缘，鼠标光标变成双面箭头，按住鼠标左键并拖动鼠标光标，工具栏形状就发生了变化。

2. 将鼠标光标移动到任一个工具栏上，单击鼠标右键，弹出快捷菜单，如图 1-3 所示。该菜单列出了所有工具栏的名称。如果名称前带有"√"标记，则表示该工具栏已打开。选取菜单中的某一选项，就可以打开或关闭相应的工具栏。

图 1-2　【绘图】工具栏　　　　　　　　　　　图 1-3　快捷菜单

（二） 切换工作空间

工作空间是经过分组和组织的菜单、工具栏、选项板和面板的集合，它可以使用户在自定义的、面向任务的绘图环境中工作。

用户需要处理不同任务时，可以随时切换到另一个工作空间。本书应用较多的是 AutoCAD2008 的经典工作空间。

【步骤解析】

选取菜单命令【工具】/【工作空间】，在【工作空间】下拉列表中选择要切换到的工作空间，如图 1-4 所示。

图 1-4　【工作空间】下拉列表

（三）　多文档设计环境

AutoCAD 从 2000 版开始就支持多文档环境。在此环境下，用户可以同时打开多个图形文件。图 1-5 所示是打开 4 个图形文件后的程序界面（窗口层叠）。

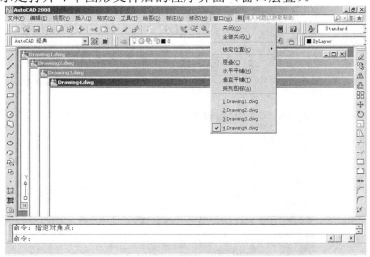

图 1-5　多文档设计环境

【步骤解析】

1. 在某个文件窗口内单击一点就可激活该文件。
2. 图 1-5 所示是通过【窗口】菜单在各文件之间的切换。该菜单列出了所有已打开的图形文件，文件名前带"√"标记的文件是当前文件。若用户想激活其他文件，只需选择它即可。
3. 利用【窗口】菜单还可控制多个图形文件的显示方式，例如将它们以层叠、水平或竖直等排列形式布置在主窗口中。

连续按 Ctrl+F6 键，系统就会依次在所有图形文件之间进行切换。

【知识链接】

多文档设计环境具有 Windows 的剪切、复制及粘贴等功能，可供用户快捷地在各个图形文件之间复制及移动对象。此外，用户也可以直接选择图形实体，然后按住鼠标左键将它拖放到其他图形中去使用。

如果考虑到复制的对象需要在其他的图形中准确定位，还可以在复制对象的同时指定基准点，这样在执行粘贴操作时就可以根据基准点将图形元素复制到正确的位置。

任务二 绘制一个简单平面图形

本任务介绍用 AutoCAD 2008 绘制图形的基本过程，并讲解常用的操作方法。

（一） 利用样板文件创建新图形

在具体的设计工作中，为使图纸统一，许多项目都需要设定相同的标准，例如设定字体、标注样式、图层和标题栏等标准。建立标准绘图环境的有效方法是使用样板文件。在样板文件中已经保存了各种标准设置，这样，每当建立新图时，就以此文件为原型文件，将它的设置复制到当前图形中，使新图具有与样板图相同的作图环境。

【步骤解析】

1. 启动 AutoCAD 2008。
2. 选取菜单命令【文件】/【新建】，打开【选择样板】对话框，如图1-6所示。该对话框中列出了用于创建新图形的样板文件，默认的样板文件是 "acadiso.dwt"。单击 打开⑩ 按钮，开始绘制新图形。

图 1-6 【选择样板】对话框

 单击标准工具栏上的 □ 按钮，可以直接打开【选择样板】对话框；使用 NEW 命令也可以打开【选择样板】对话框。

（二） 设定绘图区域的大小

AutoCAD 2008 的绘图空间是无限大的，但用户可以设定在程序窗口中显示出的绘图区域的大小。绘图时，事先对绘图区域的大小进行设定，将有助于用户了解图形分布的范围。当然，用户也可以在绘图过程中随时缩放（使用 按钮）图形，以控制其在屏幕上显示的效果。

【步骤解析】

1. 选取菜单命令【格式】/【图形界限】，AutoCAD 2008 提示如下。

```
命令: '_limits
指定左下角点或 [开(ON)/关(OFF)] <0.0000,0.0000>:
                    //在绘图窗口单击一点
指定右上角点 <420.0000,297.0000>: @2000,2000
```

//输入右上角点相对于左下角点的相对坐标值，按 Enter 键

2. 选取菜单命令【视图】/【缩放】/【范围】，或单击【标准】工具栏上的 🔍 按钮，则当前绘图窗口长宽尺寸近似为 2 000×2 000。

【知识链接】

设定绘图区域的大小有以下两种方法。

- 将一个圆充满整个程序窗口显示出来，依据圆的尺寸就能轻易地估算出当前绘图区域的大小了。
- 用 LIMITS 命令设定绘图区域的大小。该命令可以改变栅格的长宽尺寸及位置。所谓栅格是点在矩形区域中按行、列形式分布形成的图案。当栅格在程序窗口中显示出来后，用户就可根据栅格分布的范围估算出当前绘图区域的大小。

（三）　使用 AutoCAD 命令

　　启动 AutoCAD 命令的方法一般有两种。一种是在命令行中输入命令全称或简写，另一种是用鼠标选择一个菜单命令或单击工具栏中的命令按钮。

【步骤解析】

1. 按下程序窗口底部的 极轴 、 对象捕捉 及 对象追踪 按钮。注意，不要按下 DYN 按钮。
2. 单击【绘图】工具栏上的 ✏ 按钮，AutoCAD 2008 提示如下。

```
命令：_line 指定第一点：        //单击任意一点 A，如图 1-7 所示
指定下一点或 [放弃(U)]：520      //向下移动鼠标光标，输入线段长度并按 Enter 键
指定下一点或 [放弃(U)]：300      //向右移动鼠标光标，输入线段长度并按 Enter 键
指定下一点或 [闭合(C)/放弃(U)]：130 //向下移动鼠标光标，输入线段长度并按 Enter 键
指定下一点或 [闭合(C)/放弃(U)]：800 //向右移动鼠标光标，输入线段长度并按 Enter 键
指定下一点或 [闭合(C)/放弃(U)]：c   //输入选项"C"，按 Enter 键结束命令
```

结果如图 1-7 所示。

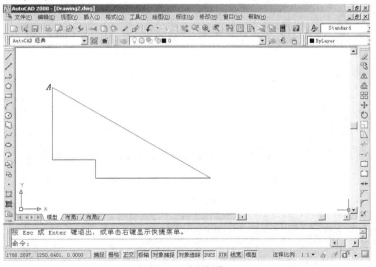

图 1-7　绘制折线

3. 按 Enter 键重复画线命令，绘制线段 BC，如图 1-8 所示。

4. 输入画圆命令全称 CIRCLE 或简称 C，AutoCAD 2008 提示如下。

> 命令：CIRCLE　　　　　　　　　　　　　　//输入命令，按 Enter 键确认
> 指定圆的圆心或 [三点(3P)/两点(2P)/相切、相切、半径(T)]：
> 　　　　　　　　　　　　　//单击任意一点 D，指定圆心，如图 1-9 所示
> 指定圆的半径或 [直径(D)]：100　　　　　//输入圆半径，按 Enter 键确认

结果如图 1-9 所示。

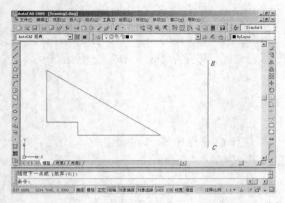　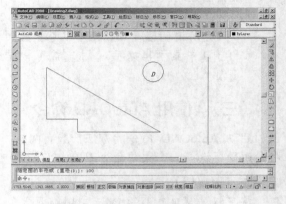

图 1-8　绘制线段 BC　　　　　　　　　　图 1-9　绘制圆

5. 单击【绘图】工具栏上的 ⊙ 按钮，AutoCAD 2008 提示如下。

> 命令：_circle 指定圆的圆心或 [三点(3P)/两点(2P)/相切、相切、半径(T)]：
> 　　　　//将鼠标光标移动到端点 E 处，系统自动捕捉该点，单击鼠标左键确认
> 指定圆的半径或 [直径(D)] <160.0000>：160　　//输入圆半径，按 Enter 键

结果如图 1-10 所示。

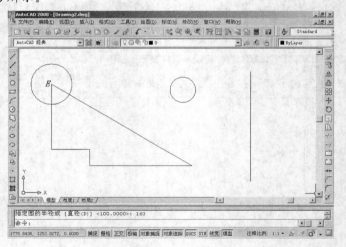

图 1-10　绘制圆

（四）　设置图层、线型、线宽及颜色

用 AutoCAD 2008 绘图时，图形元素处于某个图层上。在默认情况下，当前层是 0 层，

6

若没有切换至其他图层，则所画图形在 0 层上。每个图层都有与其相关联的颜色、线型及线宽等属性信息，用户可以对这些信息进行设定或修改。当在某一层上绘图时，生成的图形元素颜色、线型、线宽就与当前层的设置完全相同（默认情况）。对象的颜色将有助于辨别图样中的相似实体，而线型、线宽等特性可轻易地表示出不同类型的图形元素。

【步骤解析】

1. 单击【图层】工具栏上的 按钮，打开【图层特性管理器】对话框，再单击对话框中的 按钮，列表框显示出名称为"图层 1"的图层，直接输入"轮廓线层"，按 Enter 键结束。再次按 Enter 键，又创建新图层，结果如图 1-11 所示。

图 1-11　创建图层

2. "图层 0"前有绿色标记"√"，表示该图层是当前层，其他图层名称前有白色的图标""，表明这些图层上没有任何图形对象，否则图标的颜色将变为蓝色。

 　若在【图层特性管理器】对话框的列表框中事先选中了一个图层，然后单击 按钮或按 Enter 键，则新图层与被选中的图层具有相同的颜色、线型及线宽等设置。

3. 在【图层特性管理器】对话框中选中某一个图层。

4. 单击图层列表中与所选图层相关联的 ■白 图标，此时系统打开【选择颜色】对话框，如图 1-12 所示。通过此对话框可以选择所需的颜色。在本例中，轮廓线层为白色，中心线层为红色，虚线层为蓝色。

5. 在【图层特性管理器】对话框中选中某一个图层。

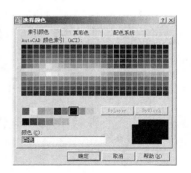

图 1-12　【选择颜色】对话框

6. 在该对话框图层列表框的【线型】列中显示了与图层相关联的线型。在默认情况下，图层线型是"Continuous"。单击【Continuous】选项，打开【选择线型】对话框，如图 1-13 所示，通过此对话框用户可以选择一种线型或从线型库文件中加载更多线型。

7. 单击 加载(L)... 按钮，打开【加载或重载线型】对话框，如图 1-14 所示。该对话框列出了线型文件中包含的所有线型，用户在列表框中选择所需的一种或几种线型，再单击

确定 按钮，这些线型就被加载到系统中。当前线型文件是"acadiso.lin"，单击 文件(F) 按钮，可选择其他的线型库文件。本例设定的线型，其轮廓线层为 Continuous，中心线层为 CENTER，虚线层为 DASHED。

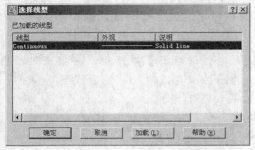
图 1-13　【选择线型】对话框

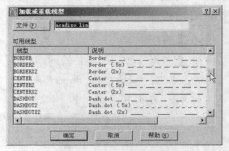
图 1-14　【加载或重载线型】对话框

8.　在【图层特性管理器】对话框中选中某一个图层。

9.　单击图层列表【线宽】列中的图标——默认，打开【线宽】对话框，如图 1-15 所示。通过此对话框用户可设置线宽。本例设定的线宽，其轮廓线层为 0.3mm，其余的采用默认设置。

如果要使图形对象的线宽在模型空间中显示得更宽或更窄一些，可以调整线宽比例。在状态栏的 线宽 按钮上单击鼠标右键，弹出快捷菜单，选择【设置】命令，打开【线宽设置】对话框，如图 1-16 所示。在【调整显示比例】区域中移动滑块来改变显示比例值。

图 1-15　【线宽】对话框

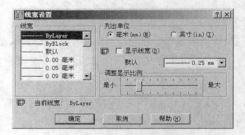
图 1-16　【线宽设置】对话框

10.　选择折线，在【图层】工具栏下拉列表中选择【轮廓线层】选项。选择线段，在【图层】工具栏下拉列表中选择【中心线层】选项。选择圆，在【图层】工具栏下拉列表中选择【虚线层】选项。按下状态栏上的 线宽 按钮，结果如图 1-17 所示。

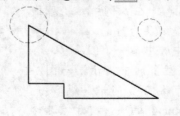
图 1-17　设定图层后的结果

（五）　选择对象及删除对象

用户在使用编辑命令时，选择的多个对象将构成一个选择集。系统提供了多种构造选择集的方法。在默认情况下，用户可以逐个地拾取对象或利用矩形、交叉窗口一次选取多个对象。

ERASE 命令用来删除图形对象，该命令没有任何选项。要删除一个对象，用户可以先选择该对象，然后单击【修改】工具栏上的 ✎ 按钮，或输入 ERASE（命令简称 E）命令即可将其删除。用户也可以先发出删除命令，再选择要删除的对象。

【步骤解析】

单击【修改】工具栏上的 ✎ 按钮（删除对象），AutoCAD 2008 提示如下。

```
命令: _erase
选择对象:                        //单击 F 点，如图 1-18 左图所示
指定对角点: 找到 4 个            //向右下方移动鼠标光标，出现一个实线矩形窗口
          //在 G 点处单击一点，矩形窗口内的对象被选中，被选对象变为虚线
选择对象:                        //按 Enter 键删除对象
命令:ERASE                       //按 Enter 键重复命令
选择对象:                        //单击 H 点
指定对角点: 找到 2 个            //向左下方移动鼠标光标，出现一个虚线矩形窗口
          //在 I 点处单击一点，矩形窗口内及与该窗口相交的所有对象都被选中
选择对象:                        //按 Enter 键删除圆和直线
```

结果如图1-18 右图所示。

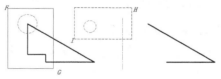

图 1-18　删除对象

（六）　取消已执行的操作

在使用 AutoCAD 2008 绘图的过程中，不可避免地会出现各种各样的错误。用户想要修正这些错误，可以使用 UNDO 命令或单击【标准】工具栏上的 ↰ 按钮。如果想要取消前面执行的多个操作，可反复使用 UNDO 命令或反复单击 ↰ 按钮。此外，用户也可以打开【标准】工具栏上的【放弃】下拉列表，然后选择要放弃的几个操作。

当取消一个或多个操作后，若又想恢复原来的效果，用户可使用 REDO 命令或单击【标准】工具栏上的 ↳ 按钮。此外，用户也可以打开【标准】工具栏上的【重做】下拉列表，然后选择要恢复的几个操作。

【步骤解析】

单击【标准】工具栏上的 ↰ 按钮，刚刚删除的中心线和虚线圆又显示出来，再单击该按钮，连续折线被删除的部分和另一个虚线圆也显示出来，结果如图1-17 所示。

（七）　快速移动及缩放图形

AutoCAD 2008 的图形移动及缩放功能是很完善的，使用起来也很方便。绘图时，用户可以通过【标准】工具栏上的 ✋ 和 🔍 按钮来完成这两项功能。

【步骤解析】

1. 单击【标准】工具栏上的 按钮，鼠标光标变成手的形状 。按住鼠标左键向右拖曳鼠标光标，直至图形不可见为止，按 Esc 键或 Enter 键退出。

2. 单击【标准】工具栏上的 按钮，图形又显示在窗口中。

3. 单击【标准】工具栏上的 按钮，鼠标光标变成放大镜形状 ，此时按住鼠标左键向下拖曳鼠标光标，图形缩小，如图 1-19 所示。按 Esc 键或 Enter 键退出。

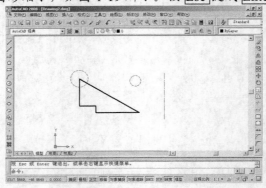

图 1-19　缩小图形

（八）　局部放大图形及返回上一次的显示

在绘图过程中，用户经常要将图形的局部区域放大以方便绘图；绘制完成后，又要返回上一次的显示效果中，以观察图形的整体效果。利用【标准】工具栏上的 和 按钮可实现这两项功能。

【步骤解析】

1. 单击【标准】工具栏上的 按钮，AutoCAD 2008 提示如下。

命令：'_zoom

指定窗口的角点，输入比例因子 (nX 或 nXP)，或者

[全部 (A) /中心 (C) /动态 (D) /范围 (E) /上一个 (P) /比例 (S) /窗口 (W) /对象 (O)] <实时>：_w

指定第一个角点：　　　　　　　　　　　　　　//单击 J 点，如图 1-20 所示

指定对角点：　　　　　　　　　　　　　　　//单击 K 点，结果如图 1-21 所示。

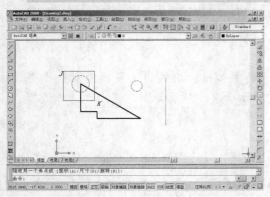

图 1-20　指定角点

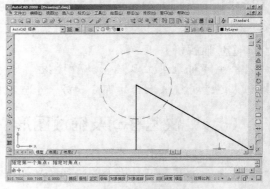

图 1-21　局部放大图形

2. 单击【标准】工具栏上的 ![] 按钮，将显示上一次的视图，如图 1-19 所示。

（九）　将图形全部显示在图形窗口中

绘图过程中，有时需将图形全部显示在程序窗口中。要实现这个目标，用户可选取菜单命令【视图】/【缩放】/【范围】，或单击【标准】工具栏上的 ![] 按钮（该按钮嵌套在 ![] 按钮中）。

> 工具栏中的按钮有些是单一型的，有些是嵌套型的。嵌套型按钮右下角带有小黑三角形，单击小黑三角形将弹出一些新按钮。

【步骤解析】

在【标准】工具栏的 ![] 按钮上按下鼠标左键，弹出一个工具栏。继续按住鼠标左键并向下拖曳鼠标光标至该工具栏的 ![] 按钮上松开，图形全部显示在窗口中，如图 1-22 所示。

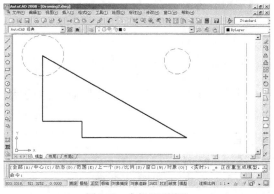

图 1-22　全部显示图形

（十）　保存图形

将图形文件存入磁盘时，一般采取两种方式。一种是以当前文件名保存图形，另一种是指定新文件名存储图形。

【步骤解析】

1. 选取菜单命令【文件】/【保存】，弹出【图形另存为】对话框，如图 1-23 所示。
2. 输入新文件名 "Drawing2.dwg"，单击 保存(S) 按钮。

图 1-23　【图形另存为】对话框

【知识链接】

(1) 快速保存命令启动方法。

- 菜单命令：【文件】/【保存】。
- 工具栏：【标准】工具栏上的 按钮。
- 命令：QSAVE。

发出快速保存命令后，系统将当前图形文件以原文件名直接存入磁盘，而不会给用户任何提示。若当前图形文件名是默认名且是第一次存储文件，系统则弹出【图形另存为】对话框，如图 1-23 所示。在此对话框中，用户可指定文件的存储位置、文件类型及输入新文件名等。

(2) 换名存盘命令启动方法。

- 菜单命令：【文件】/【另存为】。
- 命令：SAVEAS。

启动换名保存命令，系统弹出【图形另存为】对话框，如图 1-23 所示。用户在该对话框的【文件名】文本框中输入新文件名，并可在【保存于】及【文件类型】下拉列表中分别设定文件的存储路径和类型。

项目拓展

本项目拓展介绍删除、重命名图层的方法，以及控制图层的状态和修改非连续线型外观的方法。

一、 删除图层及重命名图层

介绍删除图层及重命名图层的方法。

1. 在【图层特性管理器】对话框中选择图层名称，单击 按钮，系统标记要删除的图层，再单击 确定 或 应用(A) 按钮，即可将此图层删除。
2. 打开【图层特性管理器】对话框，先选中要修改的图层名称，该名称周围出现一个白色矩形框，在矩形框内单击一点，图层名称就高亮显示。此时就可以输入新的图层名称，输入完成后，按 Enter 键结束即可。

 删除图层时，当前层、0 层、定义点层（Defpoints）及包含图形对象的层不能被删除。

二、 控制图层状态

如果工程图样包含大量信息且有很多图层，则用户可通过控制图层状态使编辑、绘制和观察等工作变得更容易一些。图层状态主要包括打开与关闭、冻结与解冻、锁定与解锁和打印与不打印等，系统用不同形式的图标表示这些状态，如图 1-24 所示。用户可通过【图层特性管理器】对话框对图层状态进行控制，单击【图层】工具栏上的 按钮就可以打开此对话框。

图 1-24 【图层特性管理器】对话框

【步骤解析】

单击【图层】工具栏上的 按钮，打开【图层特性管理器】对话框。单击 图标，将关闭或打开某一图层；单击 图标，将冻结或解冻某一图层；单击 图标，将锁定或解锁图层；单击 图标，就可以设定图层是否打印。

【知识链接】

- 打开的图层是可见的，而关闭的图层是不可见的，也不能被打印。当图形重新生成时，被关闭的图层将一起被生成。
- 解冻的图层是可见的，冻结的图层是不可见的，也不能被打印。当重新生成图形时，系统不再重新生成该图层上的对象，因而冻结一些图层后，可以加快 ZOOM、PAN 等命令和许多其他操作的运行速度。

> **说明** 解冻一个图层将引起整个图形重新生成，而打开一个图层则不会导致这种现象（只是重画这个图层上的对象）。因此，如果需要频繁地改变图层的可见性，应关闭或打开该图层而不应冻结或解冻该图层。

- 被锁定的图层是可见的，但图层上的对象是不能被编辑的。用户可以将锁定的图层设置为当前层，并能向它添加图形对象。
- 指定某层不打印后，该图层上的对象仍会显示出来。图层的不打印设置只对图样中可见图层（图层是打开的并且是解冻的）有效。若图层设为可打印但该层是冻结或关闭的，此时 AutoCAD 2008 不会打印该层。

三、 修改非连续线型外观

非连续线型是由短横线和空格等构成的重复图案，图案中短线长度和空格大小是由线型比例来控制的。用户绘图时常会遇到这样一种情况：本来想画虚线或点划线，但最终绘制出的线型看上去却和连续线一样。出现这种现象的原因是线型比例设置得太大或太小。

改变全局比例因子的步骤如下。

1. 打开【特性】工具栏上的【线型控制】下拉列表，如图 1-25 所示。

图 1-25 【线型控制】下拉列表

2. 在【线型控制】下拉列表中选择【其他】选项，打开【线型管理器】对话框，再单击 显示细节① 按钮，则该对话框底部显示【详细信息】区域，如图 1-26 所示。

图 1-26 【线型管理器】对话框

3. 在【详细信息】区域的【全局比例因子】文本框中输入新的比例值。
改变当前对象的比例因子步骤如下。
1. 打开【特性】工具栏上的【线型控制】下拉列表，如图 1-25 所示。
2. 在【线型控制】下拉列表中选择【其他】选项，打开【线型管理器】对话框，再单击 显示细节 ① 按钮，则该对话框底部显示【详细信息】区域，如图 1-26 所示。
3. 在【详细信息】区域的【当前对象缩放比例】文本框中输入新的比例值。

实训一 设定绘图区域的大小

要求：设定绘图区域的大小为 30 000×20 000，并使用栅格查看绘图区域的范围。
1. 选取菜单命令【格式】/【图形界限】，设定绘图区域的大小为 30 000×20 000。
2. 选取菜单命令【视图】/【缩放】/【范围】，或单击【标准】工具栏上的⊕按钮，则当前绘图窗口长宽尺寸近似为 30 000×20 000。
3. 单击程序窗口下边的 栅格 按钮，打开栅格显示，该栅格的长宽尺寸为 30 000×20 000。

实训二 创建及设置图层

创建并设置如下图层。

名称	颜色	线型	线宽
轮廓线层	白色	Continuous	0.5
尺寸线层	绿色	Continuous	默认
中心线层	黄色	Center	默认

1. 单击【图层】工具栏上的 ≣ 按钮，打开【图层特性管理器】对话框，再单击≋按钮，列表框显示出名称为"图层 1"的图层，直接输入"轮廓线"，按 Enter 键结束。再次按 Enter 键，又可创建新图层。
2. 单击图层列表中与所选图层相关联的■白 图标，此时系统打开【选择颜色】对话框，通过此对话框可以选择所需的颜色。
3. 在【图层特性管理器】对话框图层列表框的【线型】列中显示了与图层相关联的线型。在默认情况下，图层线型是"Continuous"。单击【Continuous】选项，打开【选择线型】对话框，通过此对话框可以选择一种线型或从线型库文件中加载更多线型。
4. 在【图层特性管理器】对话框中选中某一图层。单击图层列表【线宽】列中的——默认图标，打开【线宽】对话框，通过此对话框用户可设置线宽。

 ## 项目小结

本项目主要内容总结如下。
- AutoCAD 2008 工作界面主要由标题栏、绘图窗口、菜单栏、工具栏、面板、状态栏及命令提示窗口等部分组成。进行工程设计时，用户通过工具栏、菜单栏或命令提示窗口发出命令，在绘图区域中画出图形，而状态栏则显示出绘图过程中的各种信息，并提供给用户各种辅助绘图工具。用户要顺利地完成设计任务，较完整地了解 AutoCAD 2008 界面各部分的功能是非常必要的。

- AutoCAD 2008 是一个多文档设计环境，用户可以在 AutoCAD 2008 窗口中同时打开多个图形文件，并能在不同文件间复制几何元素、颜色、图层及线型等信息，这给设计工作带来了很大的便利。
- 采用"样板"或"默认设置"来创建新图形。
- 调用 AutoCAD 2008 命令的方法。在命令行中输入命令全称或简称，也可用鼠标选择一个菜单命令或单击工具栏中的命令按钮。
- 按 Enter 键重复命令、按 Esc 键终止命令及单击【标准】工具栏上的 ⟲ 按钮取消已执行的操作等。
- 选择对象的常用方法。利用鼠标逐个选取对象或通过矩形、交叉窗口一次选取多个对象。

 思考与练习

1. 启动 AutoCAD 2008，将用户界面重新布置，如图 1-27 所示。

图 1-27　重新布置用户界面

2. 以下的练习内容包括创建及存储图形文件、熟悉 AutoCAD 2008 命令执行过程和快速查看图形等。

(1) 利用 AutoCAD 2008 提供的样板文件"Acad.dwt"创建新文件。

(2) 用 LIMITS 命令设定绘图区域的大小为 10 000×8 000。

(3) 按下状态栏上的 栅格 按钮，再单击【标准】工具栏上的 ⊕ 按钮，使栅格充满整个图形窗口显示出来。

(4) 单击【绘图】工具栏上的 ⊙ 按钮，AutoCAD 2008 提示如下。

```
命令：_circle 指定圆的圆心或 [三点(3P)/两点(2P)/相切、相切、半径(T)]：
                                              //在屏幕上单击一点
指定圆的半径或 [直径(D)] <30.0000>：50       //输入圆半径
命令：                                        //按 Enter 键重复上一个命令
CIRCLE 指定圆的圆心或 [三点(3P)/两点(2P)/相切、相切、半径(T)]：
                                              //在屏幕上单击一点
指定圆的半径或 [直径(D)] <50.0000>：100      //输入圆半径
```

命令：   //按 Enter 键重复上一个命令

CIRCLE 指定圆的圆心或 [三点(3P)/两点(2P)/相切、相切、半径(T)]：*取消*

                                                       //按 Esc 键取消命令

(5) 单击【标准】工具栏上的 ⊕ 按钮，使圆充满整个绘图窗口。

(6) 利用【标准】工具栏上的 ✛、 🔍 按钮分别移动和缩放图形。

(7) 以文件名 "User-1.dwg" 保存图形。

3. 下面这个练习的内容包括创建图层、将图形对象修改到其他图层上、改变对象的颜色和控制图层状态。

(1) 打开文件 "xt-1.dwg"。

(2) 创建以下图层。

名称	颜色	线型	线宽
轮廓线层	白色	Continuous	0.5
尺寸线层	绿色	Continuous	默认
中心线层	黄色	Center	默认

(3) 将图形的外轮廓线、对称轴线及尺寸标注分别修改到 "轮廓线"、"中心线" 及 "尺寸线" 层上。

(4) 把尺寸标注和对称轴线分别修改为绿色和黄色。

(5) 关闭或冻结 "尺寸线" 层。

项目二

绘制直线构成的平面图形

　　本项目的任务是绘制图 2-1 所示的平面图形，该图形由线段组成。首先画出图形的外轮廓线，然后依次绘制图形的局部细节。

　　用 LINE、OFFSET、EXTEND 及 TRIM 等命令，绘制平面图形。

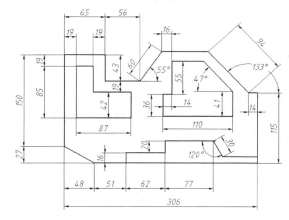

图 2-1　画直线构成的图形

学习目标

掌握输入线段端点的坐标画线的方法。
掌握如何使用对象捕捉、极轴追踪及自动追踪功能画线。
掌握绘制平行线的方法。
掌握延伸线条及剪断线条的方法。
了解利用正交模式辅助画线的方法。
熟悉打断线条及改变线条长度的方法。
熟悉绘制斜线和切线的方法。

任务一　输入坐标及使用辅助工具画线

　　输入点的坐标绘制图形外轮廓线，然后利用画线辅助工具绘制线段，具体绘图过程，如图 2-2 所示。

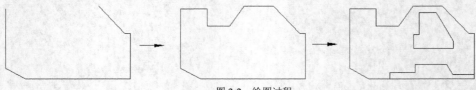

图 2-2　绘图过程

（一）　输入点的坐标画线

LINE 命令可在二维或三维空间中创建线段，发出命令后，用户通过鼠标指定线的端点或利用键盘输入端点坐标，AutoCAD 就将这些点连接成线段。

常用的点坐标形式如下。

(1) 绝对或相对直角坐标。

绝对直角坐标的输入格式为 "x,y"，相对直角坐标的输入格式为 "$@x,y$"。x 表示点的 x 坐标值，y 表示点的 y 坐标值。两坐标值之间用 "," 号分隔开。例如：（-60，30）、（40，70）分别表示图 2-3 中的 A、B 点。

(2) 绝对或相对极坐标。

绝对极坐标的输入格式为 "$R<\alpha$"，相对极坐标的输入格式为 "$@R<\alpha$"。R 表示点到原点的距离，α 表示极轴方向与 x 轴正向间的夹角。若从 x 轴正向逆时针旋转到极轴方向，则 α 角为正，否则，α 角为负。例如：（70<120）、（50<-30）分别表示图 2-3 中的 C，D 点。

画线时若只输入 "$<\alpha$"，而不输入 "R"，则表示沿 α 角度方向画任意长度的直线，这种画线方式称为角度覆盖方式。

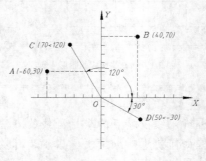

图 2-3　点的坐标

【步骤解析】

1. 设定绘图区域大小为 300×300，单击【标准】工具栏上的 按钮，使绘图区域充满整个图形窗口显示出来。

2. 单击【绘图】工具栏上的 按钮或输入命令代号 LINE，启动画线命令。

```
命令: _line 指定第一点:                    //单击 A 点，如图 2-4 所示
指定下一点或 [放弃(U)]: @0,-150            //输入 B 点的相对直角坐标
指定下一点或 [放弃(U)]: @48,-27            //输入 C 点的相对直角坐标
指定下一点或 [闭合(C)/放弃(U)]: @258,0     //输入 D 点的相对直角坐标
指定下一点或 [闭合(C)/放弃(U)]: @0,115     //输入 E 点的相对直角坐标
指定下一点或 [闭合(C)/放弃(U)]: @-14,0     //输入 F 点的相对直角坐标
```

指定下一点或 [闭合(C)/放弃(U)]: @94<133　　　　　//输入 G 点的相对极坐标

指定下一点或 [闭合(C)/放弃(U)]:　　　　　　　　//按 Enter 键结束

结果如图 2-4 所示。

图 2-4　绘制线段 AB、BC 等

【知识链接】LINE 命令选项如下。

- 指定第一点: 在此提示下, 用户需指定线段的起始点, 若此时按 Enter 键, AutoCAD 将以上一次所画线段或圆弧的终点作为新线段的起点。

- 指定下一点: 在此提示下, 输入线段的端点, 按 Enter 键后, AutoCAD 继续提示 "指定下一点", 用户可输入下一个端点。若在 "指定下一点" 提示下按 Enter 键, 则命令结束。

- 放弃(U): 在 "指定下一点" 提示下, 输入字母 U, 将删除上一条线段, 多次输入 U, 则会删除多条线段, 该选项可以及时纠正绘图过程中的错误。

- 闭合(C): 在 "指定下一点" 提示下, 输入字母 C, AutoCAD 将使连续折线自动封闭。

（二）　使用对象捕捉精确画线

画线时可打开对象捕捉功能, 自动捕捉一些特殊的几何点, 如圆心、端点及交点等, 这样就能在这些几何点间精确连线了。用户也可以在画线的过程中根据需要输入某一类型点的捕捉代号, 启动捕捉功能捕捉该种类型的点。

【步骤解析】

1. 单击状态栏上的 对象捕捉 按钮, 打开对象捕捉。再用鼠标右键单击此按钮, 选择【设置】选项, 弹出【草图设置】对话框, 在该对话框的【对象捕捉】选项卡中设置自动捕捉类型为 "端点" 及 "交点", 如图 2-5 所示。

图 2-5　【草图设置】对话框

2. 画线段 HI、IJ 等, H 及 M 点通过对象捕捉确定, 如图 2-6 所示。

命令: _line 指定第一点:　　　　　　　//将光标移动到 H 点处, AutoCAD 自动

	捕捉该点，单击鼠标左键确认
指定下一点或 [放弃(U)]: @65,0	//输入 I 点的相对直角坐标
指定下一点或 [放弃(U)]: @0,-43	//输入 J 点的相对直角坐标
指定下一点或 [闭合(C)/放弃(U)]: @56,0	//输入 K 点的相对直角坐标
指定下一点或 [闭合(C)/放弃(U)]: @60<55	//输入 L 点的相对极坐标
指定下一点或 [闭合(C)/放弃(U)]:	//将光标移动到 M 点处，AutoCAD 自动
捕捉该点，单击鼠标左键确认	
指定下一点或 [闭合(C)/放弃(U)]:	//按 Enter 键结束

结果如图 2-6 所示。

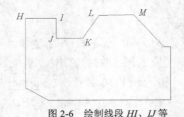

图 2-6　绘制线段 HI、IJ 等

（三）　结合极轴追踪、对象捕捉及自动追踪功能画线

首先简要说明 AutoCAD 极轴追踪及自动追踪功能，然后通过练习掌握它们。

(1) 极轴追踪。

打开极轴追踪功能并启动 LINE 命令后，光标就沿用户设定的极轴方向移动，AutoCAD 在该方向上显示一条追踪辅助线及光标点的极坐标值，如图 2-7 所示。输入线段的长度，按 Enter 键，就绘制出指定长度的线段。

(2) 自动追踪。

自动追踪是指 AutoCAD 从一点开始自动沿某一方向进行追踪，追踪方向上将显示一条追踪辅助线及光标点的极坐标值。输入追踪距离，按 Enter 键，就确定新的点。在使用自动追踪功能时，必须打开对象捕捉。AutoCAD 首先捕捉一个几何点作为追踪参考点，然后沿水平、竖直方向或设定的极轴方向进行追踪，如图 2-8 所示。

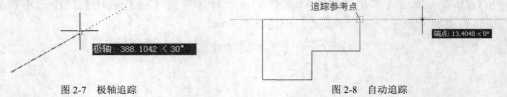

图 2-7　极轴追踪　　　　　　　　　　图 2-8　自动追踪

【步骤解析】

1. 用鼠标右键单击状态栏上的 极轴 按钮，选择【设置】选项，弹出【草图设置】对话框，进入【极轴追踪】选项卡，在该选项卡的【增量角】下拉列表中设定极轴角增量为 30°，如图 2-9 所示。此后若用户打开极轴追踪画线，则光标将自动沿 0°、60°、90°、120° 等方向进行追踪，再输入线段长度值，AutoCAD 就在该方向上画出线段。单击 确定 按钮关闭【草图设置】对话框。

2. 单击状态栏上的 极轴 及 对象追踪 按钮，打开极轴追踪及自动追踪功能。

3. 画线段 *OP*、*PQ* 等，如图 2-10 所示。

命令: _line 指定第一点: 51	//将光标移动到 *N* 点处，再向右移动光标，显示追踪辅助线
	//输入追踪距离值
指定下一点或 [放弃(U)]: 16	//从 *O* 点向上追踪并输入追踪距离
指定下一点或 [放弃(U)]: 62	//从 *P* 点向右追踪并输入追踪距离
指定下一点或 [闭合(C)/放弃(U)]: 20	//从 *Q* 点向上追踪并输入追踪距离
指定下一点或 [闭合(C)/放弃(U)]: 77	//从 *R* 点向右追踪并输入追踪距离
指定下一点或 [闭合(C)/放弃(U)]: 30	//从 *S* 点沿 300° 方向追踪并输入追踪距离
指定下一点或 [闭合(C)/放弃(U)]:	//从 *T* 点向右追踪并捕捉交点 *U*
指定下一点或 [闭合(C)/放弃(U)]:	//按 Enter 键结束

结果如图 2-10 所示。

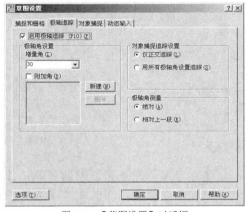

图 2-9　【草图设置】对话框

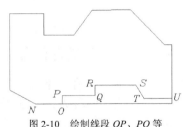

图 2-10　绘制线段 *OP*、*PQ* 等

4. 画线段 *WX*、*XY* 等，*W* 点通过对象捕捉代号 "FROM" 确定，如图 2-11 所示。

命令: _line 指定第一点: FROM	//输入正交偏移捕捉代号 "FROM"，按 Enter 键
基点:	//将光标移动到 *V* 点处，AutoCAD 自动捕捉该点，单击鼠标左键确认
<偏移>: @16,-16	//输入 *W* 点相对于 *V* 点的坐标
指定下一点或 [放弃(U)]: 55	//从 *W* 点向下追踪并输入追踪距离
指定下一点或 [放弃(U)]: 14	//从 *X* 点向左追踪并输入追踪距离
指定下一点或 [闭合(C)/放弃(U)]: 36	//从 *Y* 点向下追踪并输入追踪距离
指定下一点或 [闭合(C)/放弃(U)]: 97	//从 *Z* 点向右追踪并输入追踪距离
指定下一点或 [闭合(C)/放弃(U)]: 20	//从 *A* 点向上追踪并输入追踪距离
指定下一点或 [闭合(C)/放弃(U)]:	//从 *W* 点处向右移动光标直至出现 120° 方向追踪辅助线
	//在水平追踪辅助线及 120° 方向追踪辅助线的交点处单击一点

| 指定下一点或 [闭合(C)/放弃(U)]: | //捕捉 W 点 |
| 指定下一点或 [闭合(C)/放弃(U)]: | //按 Enter 键结束 |

结果如图 2-11 所示。

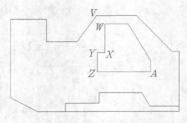

图 2-11　绘制线段 WX、XY 等

任务二　绘制平行线及改变线条长度

绘制平行线，延伸线条，然后修剪多余线条，绘图过程如图 2-12 所示。

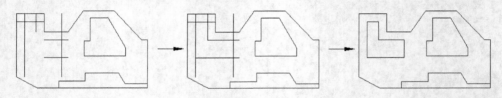

图 2-12　绘图过程

（一）　用 OFFSET 命令绘制平行线

OFFSET 命令可以将对象偏移指定的距离，创建一个与原对象类似的新对象。使用该命令时，用户可以通过两种方式创建平行对象，一种是输入平行线之间的距离，另一种是指定新平行线通过的点。

【步骤解析】

单击【修改】工具栏上的 按钮或输入命令代号 OFFSET，启动绘制平行线命令。

```
命令: _offset
指定偏移距离或 [通过(T)/删除(E)/图层(L)] <87.0000>: 19
                                    //输入平移距离
选择要偏移的对象，或 [退出(E)/放弃(U)] <退出>:
                                    //选择线段 B
指定要偏移的那一侧上的点，或 [退出(E)/多个(M)/放弃(U)] <退出>:
                                    //在线段 B 的右边单击一点
选择要偏移的对象<退出>:               //选择线段 C
指定要偏移的那一侧上的点<退出>:        //在线段 C 的下边单击一点
选择要偏移的对象<退出>:               //选择线段 D
指定要偏移的那一侧上的点<退出>:        //在线段 D 的左边单击一点
选择要偏移的对象:                    //选择线段 E
```

指定要偏移的那一侧上的点<退出>:　　　　　　//在线段 *E* 的下边单击一点

选择要偏移的对象<退出>:　　　　　　　　　//按 Enter 键结束

继续绘制以下平行线:

向下偏移线段 *F* 至 *G*,平移距离等于 42。

向右偏移线段 *H* 至 *I*,平移距离等于 87。

结果如图 2-13 所示。

 　　　　为简化说明,已将 OFFSET 命令中与当前操作无关的提示信息删除,仅将必要的提示信息
说明 罗列出来。这种讲解方式在后续的实例中也将采用。

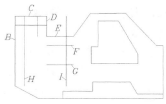

图 2-13　绘制平行线

【知识链接】OFFSET 命令选项如下。

- 通过(T):　通过指定点创建新的偏移对象。
- 删除(E):　偏移源对象后将其删除。
- 图层(L):　指定将偏移后的新对象放置在当前图层或源对象所在的图层上。
- 多个(M):　在要偏移的一侧单击多次,就创建多个等距对象。

(二)　延伸线条

用 EXTEND 命令可以将线段、曲线等对象延伸到一个边界对象,使其与边界对象相交。有时,对象延伸后并不与边界直接相交,而是与边界的延长线相交。

【步骤解析】

单击【修改】工具栏上的 --/ 按钮,或输入命令代号 EXTEND,启动延伸命令。

命令: _extend

选择对象或 <全部选择>: 找到 1 个　　　　//选择边界线段 *J*,如图2-14 左图所示

选择对象:　　　　　　　　　　　　　　//按 Enter 键

选择要延伸的对象,或按住 Shift 键选择要修剪的对象,或

[栏选(F)/窗交(C)/投影(P)/边(E)/放弃(U)]: //选择要延伸的线段 *K*

选择要延伸的对象,或按住 Shift 键选择要修剪的对象,或

[栏选(F)/窗交(C)/投影(P)/边(E)/放弃(U)]: //按 Enter 键结束

命令:EXTEND　　　　　　　　　　　　//重复命令

选择对象:总计 2 个　　　　　　　　　　//选择边界线段 *L*、*M*

选择对象:　　　　　　　　　　　　　　//按 Enter 键

选择要延伸的对象:　　　　　　　　　　//选择要延伸的线段 *L*

选择要延伸的对象:　　　　　　　　　　//选择要延伸的线段 *M*

选择要延伸的对象:　　　　　　　　　　//按 Enter 键结束

结果如图 2-14 右图所示。

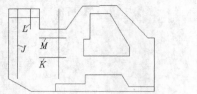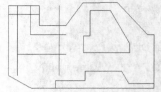

图 2-14　延伸线段

【知识链接】EXTEND 命令选项如下。

- 按住 Shift 键选择要修剪的对象：将选择的对象修剪到边界而不是将其延伸。
- 栏选(F)：用户绘制连续折线，与折线相交的对象被延伸。
- 窗交(C)：利用交叉窗口选择对象。
- 投影(P)：该选项使用户可以指定延伸操作的空间。对于二维绘图来说，延伸操作是在当前用户坐标平面（xy 平面）内进行的。在三维空间作图时，用户可以通过该选项将两个交叉对象投影到 xy 平面或当前视图平面内执行延伸操作。
- 边(E)：当边界边太短，延伸对象后不能与其直接相交时，就打开该选项，此时 AutoCAD 假想将边界边延长，然后延伸线条到边界边。
- 放弃(U)：取消上一次的操作。

（三）　修剪线条

使用 TRIM 命令可以将多余线条修剪掉。启动该命令后，用户首先指定一个或几个对象作为剪切边（可以想象为剪刀），然后选择被修剪的部分。

【步骤解析】

单击【修改】工具栏上的 ┼ 按钮或输入命令代号 TRIM，启动修剪命令。

```
命令：_trim
选择对象:总计 6 个                           //选择剪切边 O、P、Q、R、S、T
选择对象：                                    //按 Enter 键
选择要修剪的对象，或按住 Shift 键选择要延伸的对象，或
[栏选(F)/窗交(C)/投影(P)/边(E)/删除(R)/放弃(U)]： //选择要修剪的部分
选择要修剪的对象，或按住 Shift 键选择要延伸的对象，或
[栏选(F)/窗交(C)/投影(P)/边(E)/删除(R)/放弃(U)]： //按 Enter 键结束
```

结果如图 2-15 右图所示。

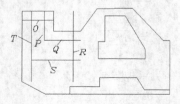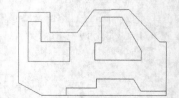

图 2-15　修剪线段

【知识链接】TRIM 命令选项如下。

- 按住 Shift 键选择要延伸的对象：将选定的对象延伸至剪切边。

- 栏选(F)：用户绘制连续折线，与折线相交的对象被修剪。
- 窗交(C)：利用交叉窗口选择对象。
- 投影(P)：该选项可以使用户指定执行修剪的空间，如三维空间中两条线段呈交叉关系，用户可利用该选项假想将其投影到某一平面上执行修剪操作。
- 边(E)：如果剪切边太短，没有与被修剪对象相交，就利用此选项假想将剪切边延长，然后执行修剪操作。
- 删除(R)：不退出 TRIM 命令就能删除选定的对象。
- 放弃(U)：若修剪有误，可输入字母"U"撤销修剪。

项目拓展

以下内容介绍对象捕捉及调整线条长度等。

（一）　对象捕捉

在绘图过程中，用户常常需要在一些特殊几何点之间连线，例如过圆心、直线的中点或端点画线等。在这种情况下，若不借助辅助工具，是很难直接拾取到这些点的。当然，用户可以在命令行中输入点的坐标值来精确地定位点，但有些点的坐标值很难计算出来。为帮助用户快速、准确地拾取特殊几何点，AutoCAD 2008 提供了一系列不同方式的对象捕捉工具，这些工具包含在【对象捕捉】工具栏上，如图2-16所示，其中常用捕捉工具的功能及命令代号如表 2-1 所示。

图 2-16　【对象捕捉】工具栏

表 2-1　　对象捕捉工具及代号

捕捉按钮	代号	功能
	FROM	正交偏移捕捉。先指定基点，再输入相对坐标确定新点
	END	捕捉端点
	MID	捕捉中点
	INT	捕捉交点
	EXT	捕捉延伸点。从线段端点开始沿线段方向捕捉一点
	CEN	捕捉圆、圆弧、椭圆的中心
	QUA	捕捉圆、椭圆的 0°、90°、180°或 270°处的点——象限点
	TAN	捕捉切点
	PER	捕捉垂足
	PAR	平行捕捉。先指定线段起点，再利用平行捕捉绘制平行线
无	M2P	捕捉两点间连线的中点

调用对象捕捉功能的方法有以下 3 种。

(1) 在绘图过程中，当 AutoCAD 2008 提示输入一个点时，用户可单击捕捉按钮或输入捕捉命令简称来启动对象捕捉。然后将鼠标光标移动到要捕捉的特征点附近，AutoCAD 2008 就自动捕捉该点。

(2) 启动对象捕捉的另一种方法是利用快捷菜单。发出 AutoCAD 命令后，按下 Shift 键并单击鼠标右键，弹出快捷菜单，如图 2-17 所示。通过此菜单用户可选择捕捉何种类型的点。

(3) 前面所述的捕捉方式仅对当前操作有效，命令结束后，捕捉模式自动关闭，这种捕捉方式称为覆盖捕捉方式。除此之外，用户可以采用自动捕捉方式来定位点，当打开这种方式时，AutoCAD 2008 将根据事先设定的捕捉类型自动寻找几何对象上相应的点。

设置方法介绍如下。

- 用鼠标右键单击状态栏上的 对象捕捉 按钮，弹出快捷菜单，选择【设置】命令，打开【草图设置】对话框，在此对话框的【对象捕捉】选项卡中设置捕捉点的类型，如图 2-18 所示。
- 单击 确定 按钮，关闭对话框，然后单击 对象捕捉 按钮，打开自动捕捉方式。

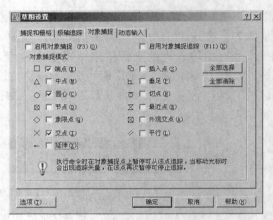

图 2-17　设置对象捕捉　　　　　　　图 2-18　【草图设置】对话框

打开文件"2-2.dwg"，如图 2-19 左图所示，使用 LINE 命令将左图修改为右图。本操作是练习运用对象捕捉的功能。

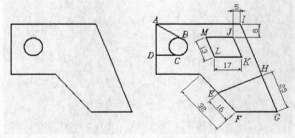

图 2-19　利用对象捕捉精确画线

【步骤解析】

```
命令：_line 指定第一点：int 于        //输入捕捉交点代号"INT"并按 Enter 键
                                     //将鼠标光标移动到 A 点处，单击鼠标左键，
```

如图 2-19 所示

指定下一点或 [放弃(U)]: tan 到　　　　//输入捕捉切点代号"TAN"并按 Enter 键

　　　　　　　　　　　　　　　　　　//将鼠标光标移动到 B 点附近, 单击鼠标左键

指定下一点或 [放弃(U)]:　　　　　　//按 Enter 键结束

命令:　　　　　　　　　　　　　　　//重复命令

LINE 指定第一点: qua 于　　　　　　//输入捕捉象限点代号"QUA"并按 Enter 键

　　　　　　　　　　　　　　　　　　//将鼠标光标移动到 C 点附近, 单击鼠标左键

指定下一点或 [放弃(U)]: per 到　　　//输入捕捉垂足代号"PER"并按 Enter 键

　　　　　　　　　　　　　　　　　　//使鼠标光标与线段 AD 相交, AutoCAD 2008

　　　　　　　　　　　　　　　　　　　　显示垂足 D, 单击鼠标左键

指定下一点或 [放弃(U)]:　　　　　　//按 Enter 键结束

命令:　　　　　　　　　　　　　　　//重复命令

LINE 指定第一点: mid 于　　　　　　//输入捕捉中点代号"MID"并按 Enter 键

　　　　　　　　　　　　　　　　　　//使鼠标光标与线段 EF 相交,

　　　　　　　　　　　　　　　　　　　　AutoCAD 2008 显示中点 E, 单击鼠标左键

指定下一点或 [放弃(U)]: eXt 于　　　//输入捕捉延伸点代号"EXT"并按 Enter 键

　　　　　　　　　　　　　　　　　　//将鼠标光标移动到 G 点附近,

　　　　　　　　　　　　　　　　　　　　AutoCAD 2008 自动沿线段进行追踪

　　　　　　　　　　　　　　　　　　//输入 H 点与 G 点的距离

指定下一点或 [放弃(U)]:　　　　　　//按 Enter 键结束

命令:　　　　　　　　　　　　　　　　//重复命令

LINE 指定第一点: from 基点:　　　　//输入正交偏移捕捉代号"FROM"并按 Enter 键

end 于　　　　　　　　　　　　　　//输入端点代号"END"并按 Enter 键

　　　　　　　　　　　　　　　　　　//将鼠标光标移动到 I 点处, 单击鼠标左键

<偏移>: @-5,-8　　　　　　　　　　//输入 J 点相对于 I 点的坐标

指定下一点或 [放弃(U)]: par 到　　　//输入平行偏移捕捉代号"PAR"并按 Enter 键

13　　　　　　　//将鼠标光标从线段 HG 处移动到 JK 处, 再输入线段 JK 的长度

指定下一点或 [放弃(U)]: par 到　　　//输入平行偏移捕捉代号"PAR"并按 Enter 键

17　　　　　　　//将鼠标光标从线段 AI 处移动到 KL 处, 再输入线段 KL 的长度

指定下一点或或 [闭合(C)/放弃(U)]: par 到

　　　　　　　　　　　　　　　　　　//输入平行偏移捕捉代号"PAR"并按 Enter 键

13　　　　　　　//将鼠标光标从线段 JK 处移动到 LM 处, 再输入线段 LM 的长度

指定下一点或 [闭合(C)/放弃(U)]: c　　//使线框闭合

结果如图 2-19 右图所示。

(二) 利用正交模式辅助画线

按下状态栏上的 正交 按钮可打开正交模式。在正交模式下, 鼠标光标只能沿水平或竖直方向移动。画线时, 若打开该模式, 则用户只需输入线段的长度值, AutoCAD 2008 就会自动绘制出水平线段或竖直线段。

使用 LINE 命令并结合正交模式画线，如图 2-20 所示。

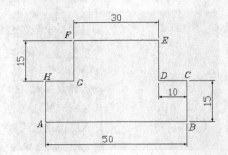

图 2-20　打开正交模式画线

【步骤解析】

```
命令: _line 指定第一点:<正交 开>
                        //拾取点 A 并打开正交模式，鼠标光标向右移动一定距离
指定下一点或 [放弃(U)]: 50              //输入线段 AB 的长度
指定下一点或 [放弃(U)]: 15              //输入线段 BC 的长度
指定下一点或 [闭合(C)/放弃(U)]: 10      //输入线段 CD 的长度
指定下一点或 [闭合(C)/放弃(U)]: 15      //输入线段 DE 的长度
指定下一点或 [闭合(C)/放弃(U)]: 30      //输入线段 EF 的长度
指定下一点或 [闭合(C)/放弃(U)]: 15      //输入线段 FG 的长度
指定下一点或 [闭合(C)/放弃(U)]: 10      //输入线段 GH 的长度
指定下一点或 [闭合(C)/放弃(U)]: C       //使连续线闭合
```

（三）　打断线条及改变线条长度

利用 BREAK 命令可以删除对象的一部分，常用于打断直线、圆、圆弧及椭圆等图形，此命令既可以在一个点打断对象，又可以在指定的两点打断对象。

利用 LENGTHEN 命令可以改变直线、圆弧、椭圆弧及样条曲线等图形的长度。使用此命令时，经常采用的是【动态】选项，即直观地拖动对象来改变其长度。

打开文件 "2-4.dwg"，如图 2-21 左图所示。下面用 BREAK 及 LENGTHEN 命令将左图修改为右图。

【步骤解析】

单击【修改】工具栏上的□按钮。

```
命令: _break 选择对象:
                        //在 C 点处选择对象，如图 2-21 左图所
示，AutoCAD 2008 将该点作为第一打断点
指定第二个打断点或 [第一点(F)]:        //在 D 点处选择对象
命令: lengthen
选择对象或 [增量(DE)/百分数(P)/全部(T)/动态(DY)]: dy   //使用"动态(DY)"
选项
选择要修改的对象或 [放弃(U)]:        //选择线段 A 的右端，如图 2-21 左图所示
```

指定新端点: //调整线段端点到适当位置

结果如图 2-21 右图所示。

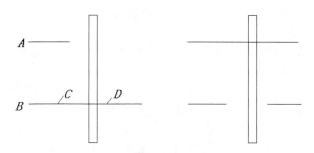

图 2-21 打断及改变线条长度

【知识链接】

(1) BREAK 命令启动方法如下。

- 菜单命令:【修改】/【打断】。
- 工具栏:【修改】工具栏上的 □ 按钮。
- 命令: BREAK 或简写 BR。

(2) LENGTHEN 命令启动方法如下。

- 菜单命令:【修改】/【拉长】。
- 命令: LENGTHEN 或简写 LEN。

(3) 命令选项介绍如下。

- 指定第二个打断点: 在图形对象上选取第二点后,系统将第一打断点与第二打断点间的部分删除。
- 第一点(F): 该选项使用户可以重新指定第一打断点。

BREAK 命令还有以下一些操作方式。

- 如果要删除线段或圆弧的一端,可在选择被打断的对象后,将第二打断点指定在要删除部分那端的外面。
- 当提示输入第二打断点时,输入 "@",则系统将第一断点和第二断点视为同一点,这样就将一个对象拆分为二而没有删除其中的任何一部分。
- 增量(DE): 以指定的增量值改变线段或圆弧的长度。对于圆弧,还可通过设定角度增量改变其长度。
- 百分数(P): 以对象总长度的百分比形式改变对象长度。
- 全部(T): 通过指定线段或圆弧的新长度来改变对象总长。
- 动态(DY): 拖动鼠标光标就可以动态地改变对象长度。

（四） 修剪线条

在绘图过程中,常有许多线条交织在一起,用户若想将线条的某一部分修剪掉,可使用 TRIM 命令。启动该命令后,AutoCAD 2008 提示用户指定一个或几个对象作为剪切边（可以想象为剪刀）,然后用户就可以选择被剪掉的部分。剪切边可以是直线、圆弧及样条曲线等对象,剪切边本身也可作为被修剪的对象。

打开文件 "2-5.dwg"，如图 2-22 左图所示。下面用 TRIM 命令将左图修改为右图。

【步骤解析】

单击【修改】工具栏上的 按钮，AutoCAD 2008 提示如下。

```
命令: _trim
选择对象或 <全部选择>: 找到 1 个            //选择剪切边 AB，如图 2-22 左图所示
选择对象: 找到 1 个，总计 2 个                          //选择剪切边 CD
选择对象:                                              //按 Enter 键确认
选择要修剪的对象，或按住 Shift 键选择要延伸的对象，或
[栏选(F)/窗交(C)/投影(P)/边(E)/删除(R)/放弃(U)]:    //选择被修剪的对象
选择要修剪的对象，或按住 Shift 键选择要延伸的对象，或
[栏选(F)/窗交(C)/投影(P)/边(E)/删除(R)/放弃(U)]:    //选择其他被修剪的对象
选择要修剪的对象，或按住 Shift 键选择要延伸的对象，或
[栏选(F)/窗交(C)/投影(P)/边(E)/删除(R)/放弃(U)]:    //选择其他被修剪的对象
选择要修剪的对象，或按住 Shift 键选择要延伸的对象，或
[栏选(F)/窗交(C)/投影(P)/边(E)/删除(R)/放弃(U)]:    //按 Enter 结束
```

结果如图 2-22 右图所示。

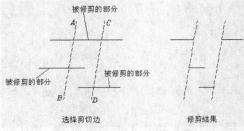

图 2-22　修剪线段

　　当修剪图形中某一区域的线条时，可直接把这个部分的所有图形元素都选中，这样图形元素之间就能进行相互修剪。用户接下来的任务仅仅是仔细地选择被剪切的对象。

【知识链接】

命令启动方法如下。

- 菜单命令:【修改】/【修剪】。
- 工具栏:【修改】工具栏上的 按钮。
- 命令: TRIM 或简写 TR。

（五）　延伸线条

利用 EXTEND 命令可以将线段和曲线等对象延伸到一个边界对象，使其与边界对象相交。有时边界对象可能是隐含边界，这时对象延伸后并不与边界直接相交，而是与边界的隐含部分（延长线）相交。

打开文件 "2-6.dwg"，如图 2-23 左图所示。下面用 EXTEND 命令将左图修改为右图。

【步骤解析】

单击【修改】工具栏上的 ⊸⁄ 按钮，AutoCAD 2008 提示如下。

```
命令: _eXtend
选择对象或 <全部选择>: 找到 1 个              //选择边界线段 C，如图 2-23 左图所示
选择对象:                                      //按 Enter 键
选择要延伸的对象，或按住 Shift 键选择要修剪的对象，或[栏选(F)/窗交(C)/投影
(P)/边(E)/放弃(U)]:                           //选择要延伸的线段 A
选择要延伸的对象，或按住 Shift 键选择要修剪的对象，或[栏选(F)/窗交(C)/投影
(P)/边(E)/放弃(U)]: e           //利用"边(E)"选项将线段 B 延伸到隐含边界
输入隐含边延伸模式 [延伸(E)/不延伸(N)] <不延伸>: e//指定"延伸(E)"选项
选择要延伸的对象，或按住 Shift 键选择要修剪的对象，或[栏选(F)/窗交(C)/投影
(P)/边(E)/放弃(U)]:                           //选择线段 B
选择要延伸的对象，或按住 Shift 键选择要修剪的对象，或
[栏选(F)/窗交(C)/投影(P)/边(E)/放弃(U)]:       //按 Enter 键结束
```

结果如图 2-23 右图所示。

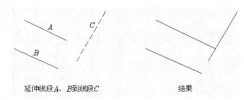

延伸线段 A、B 到线段 C　　　　　结果

图 2-23　延伸线段

在延伸操作中，一个对象可同时被用作边界边和延伸对象。

【知识链接】

命令启动方法如下。

- 菜单命令:【修改】/【延伸】。
- 工具栏:【修改】工具栏上的 ⊸⁄ 按钮。
- 命令: EXTEND 或简写 EX。

（六）　画斜线、切线

如果要沿某一方向绘制任意长度的线段，用户可在 AutoCAD 2008 提示输入点时，输入一个小于号 "<" 和角度值。该角度表明了画线的方向，AutoCAD 2008 将把鼠标光标锁定在此方向上。当用户移动鼠标光标时，线段的长度就会发生变化，获取适当长度后，单击鼠标左键结束，这种画线方式称为角度覆盖方式。

画切线一般有以下两种情况。

- 过圆外的一点画圆的切线。
- 绘制两个圆的公切线。

用户可利用 LINE 命令并结合切点捕捉 "TAN" 功能来绘制切线。

打开文件"2-7.dwg"，如图 2-24 左图所示。下面用 LINE 命令将左图修改为右图。

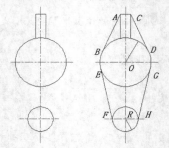

图 2-24　绘制斜线及切线

【步骤解析】

单击【绘图】工具栏上的 ╱ 按钮。

```
命令: _line 指定第一点: cen 于                //捕捉圆点 O，如图 2-24 所示
指定下一点或 [放弃(U)]: <60                  //指定直线的方向
指定下一点或 [放弃(U)]: 50                   //指定直线的长度
指定下一点或 [放弃(U)]:                      //按 Enter 键结束
命令:                                        //按 Enter 重复命令
LINE 指定第一点: cen 于                      //捕捉圆点 R
指定下一点或 [放弃(U)]: <-60                 //指定直线的方向
指定下一点或 [放弃(U)]: 25                   //指定直线的长度
指定下一点或 [放弃(U)]:                      //按 Enter 键结束
命令: _line 指定第一点: end 于               //捕捉端点 A，如图 2-24 所示
指定下一点或 [放弃(U)]: tan 到               //捕捉切点 B
指定下一点或 [放弃(U)]:                      //按 Enter 键结束
命令:                                        //按 Enter 重复命令
LINE 指定第一点: end 于                      //捕捉端点 C
指定下一点或 [放弃(U)]: tan 到               //捕捉切点 D
指定下一点或 [放弃(U)]:                      //按 Enter 键结束
命令:                                        //按 Enter 重复命令
LINE 指定第一点: tan 到                      //捕捉切点 E
指定下一点或 [放弃(U)]: tan 到               //捕捉切点 F
指定下一点或 [放弃(U)]:                      //按 Enter 键结束
命令:                                        //按 Enter 重复命令
LINE 指定第一点: tan 到                      //捕捉切点 G
指定下一点或 [放弃(U)]: tan 到               //捕捉切点 H
指定下一点或 [放弃(U)]:       //按 Enter 键结束，结果如图 2-24 右图所示
```

利用 XLINE 命令可以绘制无限长的构造线，用户可以用它直接绘制出水平方向、竖直方向、倾斜方向及平行关系等的直线，绘图过程中采用此命令绘制定位线或绘图辅助线是很方便的。

【步骤解析】

打开文件 "2-8.dwg"，如图 2-25 左图所示。下面用 XLINE 命令将左图修改为右图。

命令：_Xline 指定点或 [水平(H)/垂直(V)/角度(A)/二等分(B)/偏移(O)]：v	
	//使用"垂直(V)"选项
指定通过点：eXt	//使用延伸捕捉
于 12	//输入 B 点与 A 点的距离，如图 2-25 右图所示
指定通过点：	//按 Enter 键结束
命令：	//重复命令
XLINE 指定点或 [水平(H)/垂直(V)/角度(A)/二等分(B)/偏移(O)]：a	
	//使用"角度(A)"选项
输入构造线的角度 (0) 或 [参照(R)]：r	//使用"参照(R)"选项
选择线段对象：	//选择线段 AC
输入构造线的角度 <0>：-50	//输入角度值
指定通过点：eXt	//使用延伸捕捉
于 10	//输入 D 点与 C 点的距离
指定通过点：	//按 Enter 键结束

结果如图 2-25 右图所示。

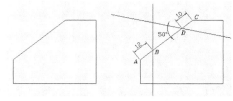

图 2-25　绘制构造线

【知识链接】

(1)　命令启动方法如下。

- 菜单命令：【绘图】/【构造线】。
- 工具栏：【绘图】工具栏上的 ✏ 按钮。
- 命令：XLINE 或简写 XL。

(2)　命令选项介绍如下。

- 指定点：通过两点绘制直线。
- 水平(H)：绘制水平方向直线。
- 垂直(V)：绘制竖直方向直线。
- 角度(A)：通过某点绘制一条与已知线段成一定角度的直线。
- 二等分(B)：绘制一条平分已知角度的直线。
- 偏移(O)：可通过输入偏移距离绘制平行线，或指定直线通过的点来创建新平行线。

实训一　使用画线辅助工具画线

要求：绘制图 2-26 所示的图形。

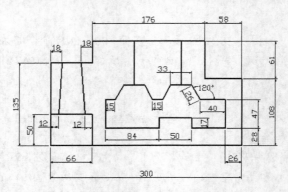

图 2-26　画线方法练习

1. 打开极轴追踪、对象捕捉及自动追踪功能。设定对象捕捉方式为 "端点"、"交点"，再设置极轴追踪的增量角度值为 "30"。
2. 用 LINE 命令并结合自动追踪功能画图形的外轮廓线，结果如图 2-27 所示。
3. 画线段 A、B 等，结果如图 2-28 所示，线段的端点可通过自动追踪功能确定。

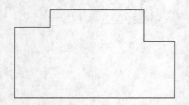

图 2-27　画外轮廓线

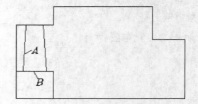

图 2-28　绘制线段 A、B 等

4. 从 D 点开始画出闭合线框 C，结果如图 2-29 所示。用户可利用正交偏移捕捉确定 D 点的位置。
5. 绘制线段 E、F，结果如图 2-30 所示。

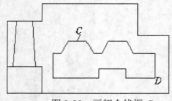

图 2-29　画闭合线框 C

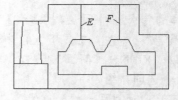

图 2-30　画线段 E、F

实训二　绘制平行线及调整线条长度

　　要求：打开文件 "2-10.dwg"，如图 2-31（a）所示，圆半径为 200。使用 OFFSET、LENTHEN 命令将（a）图修改为（b）图。

1. 使用 OFFSET 命令绘制平行线，如图 2-32 所示。
2. 使用 TRIM 命令修剪线条，结果如图 2-33 所示。
3. 使用 LENGTHEN 命令调整线条长度，结果如图 2-31（b）所示。

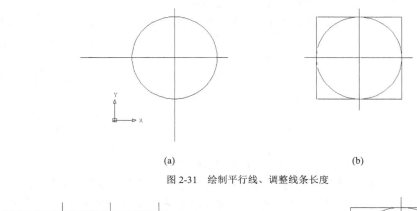

(a)　　　　　　　　　　　　　　(b)

图 2-31　绘制平行线、调整线条长度

图 2-32　绘制平行线

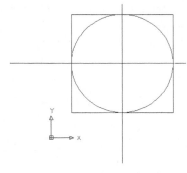

图 2-33　修剪线条

实训三　画直线构成的图形

要求：绘制如图 2-34 所示的图形。

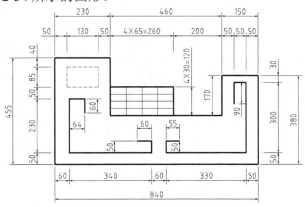

图 2-34　画直线构成的图形

1. 创建以下 3 个图层。

名称	颜色	线型	线宽
粗实线	白色	Continuous	0.7
细实线	白色	Continuous	默认
虚线	白色	Dashed	默认

2. 设定绘图区域大小为 1 200 × 1 200，线型全局比例因子为 30。

3. 绘制两条作图基准线 *A* 和 *B*，如图2-35所示。线段 *A* 的长度约为500，线段 *B* 的长度约为 1 000。

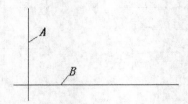

图 2-35 绘制作图基准线

4. 以线段 *A*、*B* 为基准线，使用 OFFSET 及 TRIM 命令形成图 2-36 所示的轮廓线。

5. 使用 OFFSET 及 TRIM 命令绘制图形的其余细节，结果如图2-37所示。

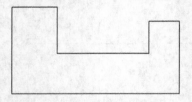

图 2-36 绘制轮廓线

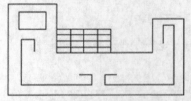

图 2-37 绘制图形细节

6. 将线条调整到相应的图层上，结果如图 2-34 所示。

实训四 使用画线辅助工具画线

要求：用 LINE、OFFSET 及 TRIM 等命令绘制曲轴零件图，如图 2-38 所示。为使图面简洁，已将零件图的图框及标题栏去除。

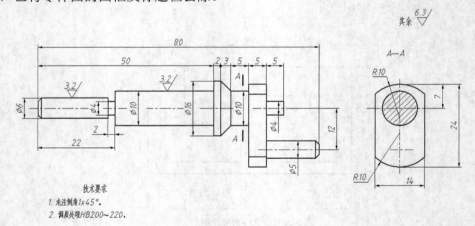

图 2-38 绘制曲轴零件图

1. 创建 3 个图层。

名称	颜色	线型	线宽
轮廓线层	白色	Continuous	0.5
虚线层	黄色	Dashed	默认

中心线层	红色	Center	默认

2. 通过【线型控制】下拉列表打开【线型管理器】对话框，在此对话框中设定线型全局比例因子为 0.1。

3. 打开极轴追踪、对象捕捉及自动追踪功能。指定极轴追踪角度增量为"90°"，设定对象捕捉方式为"端点"、"交点"。

4. 设定绘图区域大小为 100×100。单击【标准】工具栏上的 ⊕ 按钮，使绘图区域充满整个图形窗口显示出来。

5. 切换到轮廓线层，绘制两条作图基准线 A、B，如图 2-39 所示。线段 A 的长度约为 120，线段 B 的长度约为 30。

6. 以 A、B 线为基准线，用 OFFSET 及 TRIM 命令绘制曲轴左边的第一段、第二段，如图 2-39 所示。

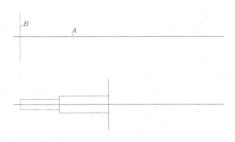
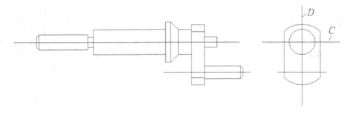

图 2-39　绘制曲轴左边的第一段、第二段

7. 用同样的方法绘制曲轴的其他段。

8. 绘制左视图定位线 C、D，然后画出左视图细节，如图 2-40 所示。左视图中的圆用 CIRCLE 命令绘制，启动该命令后，先指定圆心，然后输入半径即可。

图 2-40　绘制左视图细节

9. 用 LENGTHEN 命令调整轴线、定位线的长度，然后将它们修改到中心线层上。

 # 项目小结

本项目主要内容总结如下。

- 输入点的绝对坐标和相对坐标。
- 输入点的坐标画线，打开正交功能画线，结合对象捕捉、极轴追踪及捕捉追踪等模式画线。
- 用 OFFSET 命令绘制平行线。
- 用 LENGTHEN 命令改变线条的长度，用 BREAK 命令打断线条，用 EXTEND 命令将线条延伸到指定的边界线。

- 用 TRIM 命令修剪多余线条。
- 用 LINE 命令并结合切点捕捉 "TAN" 绘制圆的切线。

 思考与练习

1. 输入点的相对坐标画线，如图 2-41 所示。
2. 结合输入点的坐标和对象捕捉画线，绘制出图 2-42 所示的图形。

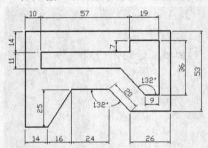

图 2-41　输入相对坐标画线

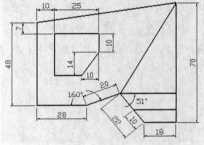

图 2-42　结合输入坐标与对象捕捉画线

3. 打开极轴追踪、对象捕捉及捕捉追踪功能画线，如图 2-43 所示。
4. 用 OFFSET 和 TRIM 等命令，绘制出图 2-44 所示的图形。

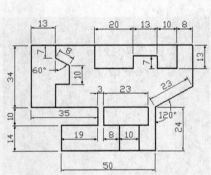

图 2-43　利用对象捕捉及追踪功能画线

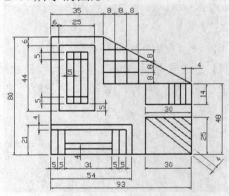

图 2-44　用 OFFSET、TRIM 等命令画图

5. 用对象捕捉结合 OFFSET 和 TRIM 等命令绘制图 2-45 所示的图形。

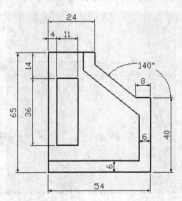

图 2-45　用对象捕捉结合 OFFSET 和 TRIM 等命令画图

绘制直线、圆构成的平面图形

本项目的任务是使用 LINE、CIRCLE、COPY 及 ARRAY 等命令绘制如图 3-1 所示的平面图形，该图形由线段组成。首先画出圆的定位线及圆，然后形成圆弧连接关系并阵列圆。

用 LINE、CIRCLE、COPY 及 ARRAY 等命令绘制平面图形。

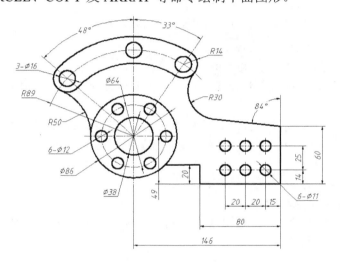

图 3-1   画直线、圆构成的图形

学习目标

掌握绘制圆的方法。
掌握绘制切线及圆弧连接的方法。
掌握阵列对象的方法。
掌握移动及复制对象的方法。
熟悉绘制倒圆角和倒角的方法。

任务一   绘制圆的定位线及圆

创建圆的主要定位线，画圆，然后复制圆，绘图过程，如图 3-2 所示。

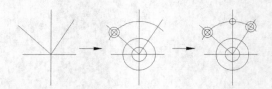

图 3-2　绘图过程

（一）　形成主要定位线

首先绘制图形的主要定位线，这些定位线将是以后作图的重要基准线。

【步骤解析】

1. 单击【图层】工具栏上的 按钮，打开【图层特性管理器】对话框，通过此对话框创建以下图层。

名称	颜色	线型	线宽
轮廓线层	白色	Continuous	0.50
中心线层	红色	CENTER	默认

2. 通过【线型控制】下拉列表打开【线型管理器】对话框，在此对话框中设定线型全局比例因子为 0.2。
3. 打开极轴追踪、对象捕捉及自动追踪功能。设定对象捕捉方式为 "交点"。
4. 设定绘图区域大小为 300×300，单击【标准】工具栏上的 按钮，使绘图区域充满整个图形窗口显示出来。
5. 切换到轮廓线层。在该层上画水平线 A 及竖直线 B，线段 A 的长度约为 130，线段 B 的长度约为 200，如图 3-3 所示。
6. 画线段 C、D，线段 C、D 的倾斜角度分别为 138°、57°，如图 3-3 所示。

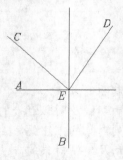

图 3-3　绘制定位线

（二）　绘制圆

用 CIRCLE 命令绘制圆，常用的画圆方法是指定圆心和半径。此外，用户还可通过两点或三点画圆。

【步骤解析】

1. 单击【绘图】工具栏上的 按钮或输入 CIRCLE 命令，启动画圆命令。

命令: _circle 指定圆的圆心或 [三点(3P)/两点(2P)/相切、相切、半径(T)]:

	//捕捉交点 E，如图 3-4 所示
指定圆的半径或 [直径(D)]：19	//输入圆 F 的半径值

继续绘制圆 G、H、I 和 J，圆半径分别为 43、89、8 和 14，结果如图 3-4 左图所示。

2. 用 BREAK 命令打断圆 H，结果如图 3-4 右图所示。

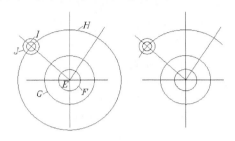

图 3-4　画圆

【知识链接】

(1) 命令启动方法如下。

- 菜单命令：【绘图】/【圆】。
- 工具栏：【绘图】工具栏上的 按钮。
- 命令：CIRCLE 或简写 C。

(2) 命令选项介绍如下。

- 指定圆的圆心：默认选项。输入圆心坐标或拾取圆心后，系统提示输入圆半径或直径值。
- 三点(3P)：输入 3 个点绘制圆。
- 两点(2P)：指定直径的两个端点绘制圆。
- 相切、相切、半径(T)：指定两个切点，然后输入圆半径绘制圆。

（三）　复制对象

启动 COPY 命令后，首先选择要复制的对象，然后通过两点或直接输入位移值指定对象复制的距离和方向，AutoCAD 就将图形元素从原位置复制到新位置。

【步骤解析】

单击【修改】工具栏上的 按钮或输入 COPY 命令，启动复制命令。

命令：_copy	
选择对象：找到 1 个	//选择圆 J，如图 3-5 所示
选择对象：	//按 Enter 键确认
指定基点或 [位移(D)/模式(O)] <位移>：	//捕捉交点 A
指定第二个点或 <使用第一个点作为位移>：	//捕捉交点 B
指定第二个点或 [退出(E)/放弃(U)] <退出>：	//按 Enter 键结束
命令：	//重复命令
COPY	
选择对象：找到 1 个	//选择圆 I，如图 3-5 所示

选择对象：	//按 Enter 键确认
指定基点或 [位移(D)/模式(O)] <位移>：	//捕捉交点 A
指定第二个点或 <使用第一个点作为位移>：	//捕捉交点 B
指定第二个点或 [退出(E)/放弃(U)] <退出>：	//捕捉交点 C
指定第二个点或 [退出(E)/放弃(U)] <退出>：	//按 Enter 键结束

结果如图 3-5 所示。

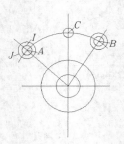

图 3-5　复制圆 I、J

 　　默认情况下，COPY 命令的复制模式是"多个"，该选项使用户可以在一次操作中同时对原对象作多个复制。

【知识链接】

命令启动方法如下。

- 菜单命令：【修改】/【复制】。
- 工具栏：【修改】工具栏上的 ◌◌ 按钮。
- 命令：COPY 或简写 CO。

任务二　形成圆弧连接关系

绘制连接圆弧，然后创建圆的环形阵列和矩形阵列，绘图过程如图3-6 所示。

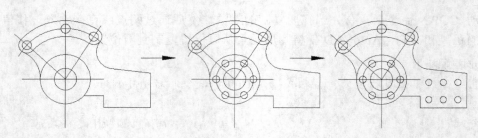

图 3-6　绘图过程

（一）　画切线及圆弧连接

用 CIRCLE 命令还可绘制各种圆弧。下面将演示用 CIRCLE 命令绘制圆弧的方法。

【步骤解析】

1. 用 LINE 命令绘制线框 A，结果如图3-7 所示。

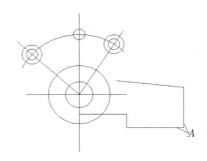

图 3-7 绘制线框 A

2. 画相切圆 K、L，如图3-8所示。

命令：_circle 指定圆的圆心或 [三点(3P)/两点(2P)/相切、相切、半径(T)]：
                    //捕捉交点 B，如图3-8左图所示

指定圆的半径或 [直径(D)]：   //捕捉交点 C

命令：   //重复命令

CIRCLE 指定圆的圆心或 [三点(3P)/两点(2P)/ 相切、相切、半径(T)]：
                    //捕捉交点 B

指定圆的半径或 [直径(D)]：   //捕捉交点 D

修剪多余线条，结果如图 3-8 右图所示。

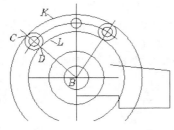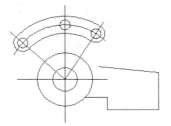

图 3-8 绘制圆 K、L

3. 画相切圆 M、N，如图3-9所示。

命令：_circle 指定圆的圆心或 [三点(3P)/两点(2P)/ 相切、相切、半径(T)]：t
                    //选择"T"选项画圆 M，如图 3-9 左图所示

指定对象与圆的第一个切点：   //捕捉切点 O

指定对象与圆的第二个切点：   //捕捉切点 P

指定圆的半径 <103.0000>：50   //输入圆半径

命令：   //重复命令

CIRCLE 指定圆的圆心或 [三点(3P)/两点(2P)/相切、相切、半径(T)]：t
                    //选择"T"选项画圆 N

指定对象与圆的第一个切点：   //捕捉切点 Q

指定对象与圆的第二个切点：   //捕捉切点 R

指定圆的半径 <50.0000>：30   //输入圆半径

修剪多余线条，结果如图 3-9 右图所示。

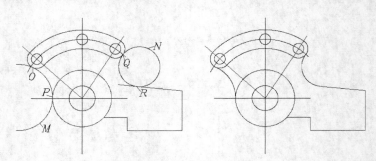

图 3-9　绘制圆 M、N

　当绘制与两圆相切的圆弧时，在圆的不同位置拾取切点，将绘制出内切或外切两种不同的圆弧。

（二）　环形阵列对象

ARRAY 命令可创建环形阵列。环形阵列是指把对象绕阵列中心等角度均匀分布。决定环形阵列的主要参数有阵列中心、阵列总角度及阵列数目。此外，用户也可以通过输入阵列总数及每个对象间的夹角来生成环形阵列。

【步骤解析】

1. 画圆 S、T，圆 S、T 的半径分别为 32、6，如图 3-10 所示。
2. 单击【修改】工具栏上的 ⊞ 按钮或输入 ARRAY 命令，启动阵列命令。AutoCAD 弹出【阵列】对话框，在该对话框中选取【环形阵列】单选钮，如图 3-11 所示。

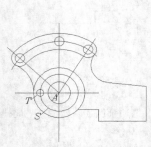

图 3-10　绘制圆 S、T

图 3-11　【阵列】对话框

3. 单击 ⊞ 按钮，AutoCAD 命令行提示"选择对象"，选择要阵列的图形对象 T，如图 3-10 所示。
4. 在【中心点】区域中单击 ⊞ 按钮，AutoCAD 切换到绘图窗口，在屏幕上指定阵列中心点 A，如图 3-10 所示。
5. 【方法】下拉列表中提供了 3 种创建环形阵列的方法，选择其中一种，AutoCAD 就列出需设定的参数。默认情况下，"项目总数和填充角度"是当前选项。此时，用户需输入的参数有项目总数和填充角度。
6. 在【项目总数】文本框中输入环形阵列的数目，在【填充角度】文本框中输入阵列分布的总角度值，如图 3-11 所示。若阵列角度为正，则 AutoCAD 沿逆时针方向创建阵列，反之，按顺时针方向创建阵列。

7. 单击 [预览(V) <] 按钮，用户可以预览阵列效果。单击此按钮，AutoCAD 返回绘图窗口，并按设定的参数显示出环形阵列。

8. 单击 [确定] 按钮生成环形阵列，结果如图 3-12 所示。

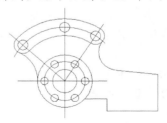

图 3-12 环形阵列结果

（三） 矩形阵列对象

ARRAY 命令除了可以创建环形阵列以外，还能创建矩形阵列。矩形阵列是指将对象按行、列方式进行排列。操作时，用户一般应告诉 AutoCAD 阵列的行数、列数、行间距及列间距等，如果要沿倾斜方向生成矩形阵列，还应输入阵列的倾斜角度。

【步骤解析】

1. 画圆 D，结果如图3-13 所示。

命令: _circle 指定圆的圆心或 [三点(3P)/两点(2P)/切点、切点、半径(T)]: from	
	//使用正交偏移捕捉
基点:	//捕捉交点 C
<偏移>: @-15,14	//输入相对坐标
指定圆的半径或 [直径(D)] <6.0000>: 5.5	//输入圆半径

2. 单击【修改】工具栏上的 品 按钮，启动阵列命令。AutoCAD 弹出【阵列】对话框，在该对话框中选择【矩形阵列】单选钮，如图 3-14 所示。

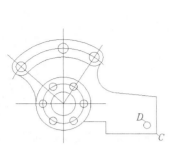

图 3-13 绘制圆 D

图 3-14 【阵列】对话框

3. 单击 按钮，AutoCAD 命令行提示"选择对象"，选择要阵列的图形对象 D，如图 3-13 所示。

4. 分别在【行】、【列】文本框中输入阵列的行数及列数，如图 3-14 所示。"行"的方向与

坐标系的 x 轴平行，"列"的方向与 y 轴平行。

5. 分别在【行偏移】、【列偏移】文本框中输入行间距及列间距，如图 3-14 所示。行、列间距的数值可为正或负，若是正值，则 AutoCAD 沿 x 轴、y 轴的正方向形成阵列，反之，沿反方向形成阵列。

6. 在【阵列角度】文本框中输入阵列方向与 x 轴的夹角，如图 3-14 所示。该角度逆时针为正，顺时针为负。

7. 单击 预览(V) < 按钮，用户可以预览阵列效果。

8. 单击 确定 按钮，生成矩形阵列，结果如图 3-15 所示。

9. 用 LENGTHEN 命令调整线条长度，将定位线放到中心线层，结果如图 3-15 所示。

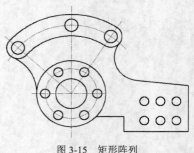

图 3-15　矩形阵列

项目拓展

本项目拓展讲述移动和复制对象、创建矩形和环形阵列、倒圆角和倒角的方法。

（一）　移动及复制对象

移动及复制图形的命令分别是 MOVE 和 COPY，这两个命令的使用方法相似。启动 MOVE 或 COPY 命令后，首先选择要移动或复制的对象，然后通过两点或直接输入位移值来指定对象移动的距离和方向，AutoCAD 2008 就将图形元素从原位置移动或复制到新位置。

绘制图 3-16 所示的平面图形，目的是让读者实际演练 MOVE 及 COPY 命令，并学会利用这两个命令构造图形的技巧。

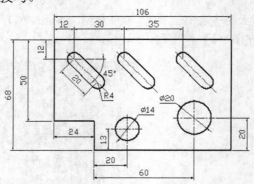

图 3-16　用 MOVE 及 COPY 命令绘图

【步骤解析】

1. 打开极轴追踪、对象捕捉及自动追踪功能。设置极轴追踪角度增量为"90"，设定对象捕捉方式为"端点"、"交点"。

2. 设定绘图区域大小为 150×150，并使该区域充满整个图形窗口显示出来。

3. 用 LINE 命令直接绘制出图形的外轮廓线，如图 3-17 所示。

命令：_line 指定第一点：　　　　　　　　　　//在 A 点处单击一点

指定下一点或 [放弃(U)]: 50	//向下追踪并输入线段 AB 的长度
指定下一点或 [放弃(U)]: 24	//向右追踪并输入线段 BC 的长度
指定下一点或 [闭合(C)/放弃(U)]: 18	//向下追踪并输入线段 CD 的长度
指定下一点或 [闭合(C)/放弃(U)]: 82	//向右追踪并输入线段 DE 的长度
指定下一点或 [闭合(C)/放弃(U)]:	//在 A 点处建立追踪参考点
指定下一点或 [闭合(C)/放弃(U)]:	//竖直追踪辅助线与水平追踪辅助线相交于 F 点
指定下一点或 [闭合(C)/放弃(U)]:	//捕捉 A 点
指定下一点或 [闭合(C)/放弃(U)]:	//按 Enter 键结束

结果如图 3-17 所示。

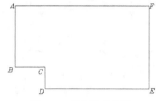

图 3-17　绘制外轮廓线

4. 绘制圆 G，并将此圆复制到 H 处，然后画切线，如图3-18 所示。

命令: _circle 指定圆的圆心或 [三点(3P)/两点(2P)/相切、相切、半径(T)]: from	//使用正交偏移捕捉
基点:	//捕捉交点 I
<偏移>: @12,-12	//输入圆 G 圆心的相对坐标
指定圆的半径或 [直径(D)] <7.0357>: 4	//输入圆半径
命令: _copy	//将圆 G 复制到 H 处
选择对象: 找到 1 个	//选择圆 G
选择对象:	//按 Enter 键确认
指定基点或 [位移(D)] <位移>: 20<-45	//输入位移的距离和方向
指定第二个点或 <使用第一个点作为位移>:	//按 Enter 键结束
命令: _line 指定第一点: tan 到	//捕捉切点 J
指定下一点或 [放弃(U)]: tan 到	//捕捉切点 K
指定下一点或 [放弃(U)]:	//按 Enter 键结束
命令:	//重复命令
LINE 指定第一点: tan 到	//捕捉切点 L
指定下一点或 [放弃(U)]: tan 到	//捕捉切点 M
指定下一点或 [放弃(U)]:	//按 Enter 键结束

结果如图3-18 所示。修剪多余线条，结果如图3-19 所示。

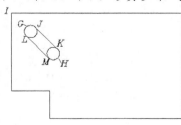

图 3-18　画圆及切线

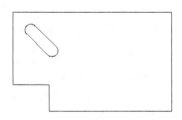

图 3-19　修剪结果

5. 将线框 *A* 复制到 *B*、*C* 处，如图 3-20 所示。

```
命令: _copy
选择对象: 指定对角点: 找到 4 个                    //选择线框 A，如图 3-20 所示
选择对象:                                        //按 Enter 键
指定基点或 [位移(D)] <位移>:                      //在屏幕上单击一点
指定第二个点或 <使用第一个点作为位移>: 30         //向右追踪并输入追踪距离
指定第二个点: 65                                 //向右追踪并输入追踪距离
指定第二个点:                                    //按 Enter 键结束
```

结果如图 3-20 所示。

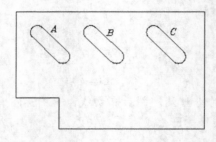

图 3-20　复制线框

6. 画圆 *D*、*E*，再用 MOVE 命令将它们移动到正确的位置，如图 3-21 和图 3-22 所示。

```
命令: _circle 指定圆的圆心或 [三点(3P)/两点(2P)/相切、相切、半径(T)]:
                                                //捕捉交点 F，如图 3-21 所示
指定圆的半径或 [直径(D)] <2.0000>: 7            //输入圆半径
命令:                                           //重复命令
CIRCLE 指定圆的圆心或 [三点(3P)/两点(2P)/相切、相切、半径(T)]:
                                                //捕捉交点 F
指定圆的半径或 [直径(D)] <7.0000>: 10           //输入圆半径
```

结果如图 3-21 所示。

```
命令: _move
选择对象: 找到 1 个                              //选择圆 D，如图 3-22 所示
选择对象:                                        //按 Enter 键
指定基点或 [位移(D)] <位移>: 20,13              //输入沿 X、Y 轴移动的距离
指定第二个点或 <使用第一个点作为位移>:          //按 Enter 键结束
命令:MOVE                                        //重复命令
选择对象: 找到 1 个                              //选择圆 E
选择对象:                                        //按 Enter 键
指定基点或 [位移(D)] <位移>: 60,20              //输入沿 X、Y 轴移动的距离
指定第二个点或 <使用第一个点作为位移>:          //按 Enter 键结束
```

结果如图 3-22 所示。

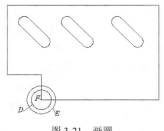

图 3-21 画圆

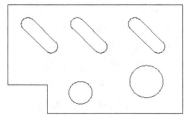

图 3-22 移动对象

【知识链接】

使用 MOVE 或 COPY 命令时，可通过以下方式指明对象移动或复制的距离和方向。

- 在屏幕上指定两个点，这两点的距离和方向代表了实体移动的距离和方向。当 AutoCAD 2008 提示"指定基点"时，指定移动的基准点。在 AutoCAD 2008 提示"指定第二个点"时，捕捉第二点或输入第二点相对于基准点的相对直角坐标或极坐标。

- 以 "*x, y*" 方式输入对象沿 *X*、*Y* 轴移动的距离，或用 "距离<角度" 方式输入对象位移的距离和方向。当 AutoCAD 2008 提示"指定基点"时，输入位移值。在 AutoCAD 2008 提示"指定第二个点"时，按 Enter 键确认，这样 AutoCAD 2008 就以输入位移值来移动实体对象。

- 打开正交或极轴追踪功能，就能方便地将实体只沿 *X* 或 *Y* 轴方向移动。当 AutoCAD 2008 提示"指定基点"时，单击一点并把实体向水平或竖直方向移动，然后输入位移的数值。

- 使用 "位移(D)" 选项。启动该选项后，AutoCAD 2008 提示"指定位移"。此时，以 "*X,Y*" 方式输入对象沿 *X*、*Y* 轴移动的距离，或以 "距离<角度" 方式输入对象位移的距离和方向。

命令启动的方法如表 3-1 所示。

表 3-1　　　　　　　　　　启动命令的方法

方式	移动	复制
菜单命令	【修改】/【移动】	【修改】/【复制】
工具栏	【修改】工具栏上的 ✛ 按钮	【修改】工具栏上的 按钮
命令	MOVE 或简写 M	COPY 或简写 CO

（二）　创建矩形及环形阵列

本操作将分别介绍创建矩形及环形阵列的方法。

🔑 矩形阵列对象

矩形阵列是指将对象按行、列方式进行排列。操作时，用户一般应设定阵列的行数、列数、行间距及列间距等参数，如果要沿倾斜方向生成矩形阵列，还应输入阵列的倾斜角度。

打开文件 "3-3.dwg"，如图 3-23 左图所示。下面用 ARRAY 命令将左图修改为右图。

【步骤解析】

1. 启动 ARRAY 命令，AutoCAD 2008 弹出【阵列】对话框，在该对话框中点选【矩形阵列】单选项，如图3-24 所示。

2. 单击【选择对象】按钮，AutoCAD 2008 提示"选择对象"。选择要阵列的图形对象 A，如图3-23 左图所示。

3. 分别在【行】、【列】文本框中输入阵列的行数为 2 和列数为 3，如图3-24 所示。【行】的方向与坐标系的 X 轴平行，【列】的方向与 Y 轴平行。

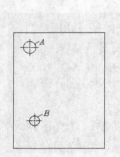 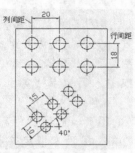

图 3-23 矩形阵列

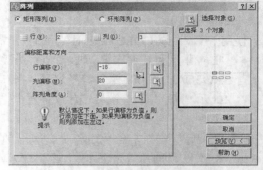

图 3-24 【阵列】对话框

4. 分别在【行偏移】、【列偏移】文本框中输入-18 和 20，如图3-24 所示。行、列间距的数值可为正或负。若是正值，AutoCAD 2008 将沿 x、y 轴的正方向形成阵列；否则，将沿反方向形成阵列。

5. 在【阵列角度】文本框中输入阵列方向与 x 轴的夹角 0，如图3-24 所示。该角度逆时针时为正，顺时针时为负。

6. 单击 预览(V)< 按钮，用户可预览阵列效果。

7. 单击 确定 按钮，结果如图 3-23 右图所示。

8. 再沿倾斜方向创建对象 B 的矩形阵列，最终结果如图 3-23 右图所示。阵列参数分别是行数为 2、列数为 3、行间距为 - 10、列间距为 15、阵列角度为 40°。

环形阵列对象

ARRAY 命令除可创建矩形阵列外，还能创建环形阵列。环形阵列是指把对象绕阵列中心等角度均匀分布。决定环形阵列的主要参数有阵列中心、阵列总角度及阵列数目。此外，用户也可通过输入阵列总数及每个对象间的夹角来生成环形阵列。

打开文件"3-4.dwg"，如图 3-25 左图所示。下面用 ARRAY 命令将左图修改为右图。

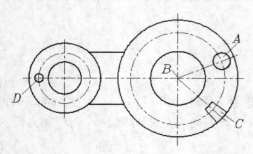 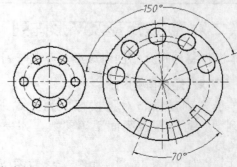

图 3-25 环形阵列对象

【步骤解析】

1. 单击【修改】工具栏上的 ⊞ 按钮，启动 ARRAY 命令，AutoCAD 2008 弹出【阵列】对话框，在该对话框中点选【环形阵列】单选项，如图 3-26 所示。

2. 单击【选择对象】按钮 ⊞，AutoCAD 2008 提示"选择对象"，选择要阵列的图形对象 *A*，如图 3-25 左图所示。

3. 单击【中心点】右侧的 ⊞ 按钮，AutoCAD 2008 切换到绘图窗口，在屏幕上指定阵列中心点 *B*，如图 3-25 所示。

4. 在【方法】下拉列表中选择【项目总数和填充角度】选项，然后在【项目总数】文本框中输入环形阵列的数目，在【填充角度】文本框中输入阵列分布的总角度值，如图 3-26 所示。若阵列角度为正，AutoCAD 2008 则沿逆时针方向创建阵列；否则，将按顺时针方向创建阵列。

图 3-26　【阵列】对话框

5. 单击 预览(V) 按钮，预览阵列效果。

6. 单击 确定 按钮，完成环形阵列。

7. 继续创建对象 *C*、*D* 的环形阵列，结果如图 3-25 右图所示。

（三）　倒圆角和倒角

用 FILLET 命令创建倒圆角，操作的对象包括直线、多段线、样条线、圆和圆弧等。

用 CHAMFER 命令创建倒角，倒角时既可以输入每条边的倒角距离，也可以指定某条边上倒角的长度及与此边的夹角。

打开文件"3-5.dwg"，如图 3-27 左图所示。用 FILLET 及 CHAMFER 命令将左图修改为右图。

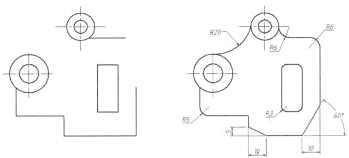

图 3-27　用 FILLET、CHAMFE 命令倒圆角和倒角

【步骤解析】

1. 创建圆角，如图 3-28 所示。

```
命令: _fillet
选择第一个对象或 [放弃(U)/多段线(P)/半径(R)/修剪(T)/多个(M)]: r
                                        //设置圆角半径
指定圆角半径 <3.0000>: 5                //输入圆角半径值
选择第一个对象或 [放弃(U)/多段线(P)/半径(R)/修剪(T)/多个(M)]:
                                        //选择线段 A
选择第二个对象，或按住 Shift 键选择要应用角点的对象:
                                        //选择线段 B
```

结果如图 3-28 所示。

2. 创建倒角，如图 3-28 所示。

```
命令: _chamfer
选择第一条直线[放弃(U)/多段线(P)/距离(D)/角度(A)/修剪(T)/方式(E)/多个(M)]:d
                                        //设置倒角距离
指定第一个倒角距离 <3.0000>: 5          //输入第一个边的倒角距离
指定第二个倒角距离 <5.0000>: 10         //输入第二个边的倒角距离
选择第一条直线或 [放弃(U)/多段线(P)/距离(D)/角度(A)/修剪(T)/方式(E)/多个(M)]:
                                        //选择线段 C
选择第二条直线，或按住 Shift 键选择要应用角点的直线:   //选择线段 D
```

结果如图 3-28 所示。

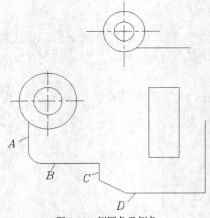

图 3-28 倒圆角及倒角

3. 请读者创建其余倒圆角及倒角。

【知识链接】

常用的命令选项如表 3-2 所示。

命令	选项	功能
FILLET	多段线(P)	对多段线的每个顶点进行倒圆角操作
	半径(R)	设定圆角半径。若圆角半径为0，系统将使被倒圆角的两个对象交于一点
	修剪(T)	指定倒圆角操作后是否修剪对象
	多个(M)	可一次创建多个圆角
	按住 Shift 键选择要应用角点的对象	若按住 Shift 键选择第二个圆角对象时，则以0值替代当前的圆角半径
CHAMFER	多段线(P)	对多段线的每个顶点执行倒角操作
	距离(D)	设定倒角距离。若倒角距离为0，则系统将被倒角的两个对象交于一点
	角度(A)	指定倒角距离及倒角角度
	修剪(T)	设置倒角时是否修剪对象
	多个(M)	可一次创建多个倒角
	按住 Shift 键选择要应用角点的直线	若按住 Shift 键选择第二个倒角对象时，则以0值替代当前的倒角距离

表 3-2　　　　　　　　　命令选项的功能

命令启动的方法如表 3-3 所示。

表 3-3　　　　　　　　　启动命令的方法

方式	倒圆角	倒角
菜单命令	【修改】/【圆角】	【修改】/【倒角】
工具栏	【修改】工具栏上的　按钮	【修改】工具栏上的　按钮
命令	FILLET 或简写 F	CHAMFER 或简写 CHA

实训一　绘制切线及圆弧连接关系

要求：绘制图 3-29 所示的图形。

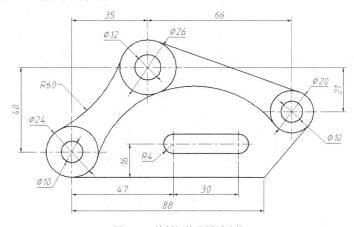

图 3-29　绘制切线及圆弧连接

1. 创建 2 个图层。

名称	颜色	线型	线宽
轮廓线层	白色	Continuous	0.5
中心线层	蓝色	Center	默认

2. 通过【线型控制】下拉列表打开【线型管理器】对话框，在此对话框中设定线型全局比例因子为 "0.2"。

3. 打开极轴追踪、对象捕捉及自动追踪功能。指定极轴追踪角度增量为 "90°"；设定对象捕捉方式为 "端点"、"交点"。

4. 设定绘图区域大小为 100×100。单击【标准】工具栏上的 ⊕ 按钮使绘图区域充满整个绘图窗口显示出来。

5. 切换到中心线层，用 LINE 命令绘制圆的定位线 A、B，其长度约为 35，再用 OFFSET 及 LENGTHEN 命令形成其他定位线，如图 3-30 所示。

6. 切换到轮廓线层，绘制圆、过渡圆弧及切线，如图 3-31 所示。

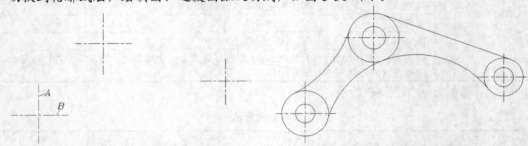

图 3-30　绘制圆的定位线　　　　　　　　图 3-31　绘制圆、过渡圆弧及切线

7. 用 LINE 命令绘制线段 C、D，再用 OFFSET 及 LENGTHEN 命令形成定位线 E、F 等，如图 3-32 左图所示。绘制线框 G，如图 3-32 右图所示。

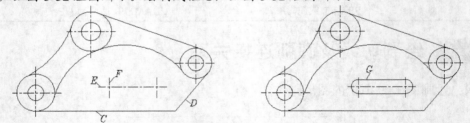

图 3-32　绘制线段 C、D 和线框 G

要求：用 LINE、CIRCLE、TRIM 等命令绘制图 3-33 所示的图形。

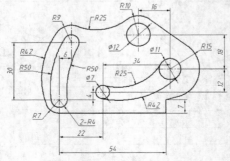

图 3-33　平面绘图练习（1）

主要作图步骤，如图 3-34 所示。

要求：用 LINE、CIRCLE、COPY、TRIM 等命令绘制图 3-35 所示的图形。

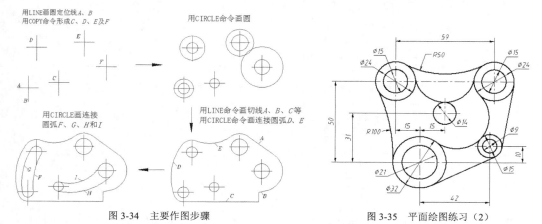

图 3-34 主要作图步骤

图 3-35 平面绘图练习（2）

主要作图步骤，如图 3-36 所示。

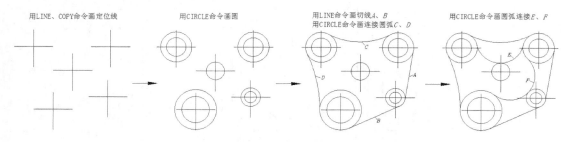

图 3-36 主要作图步骤

要求：用 LINE、CIRCLE、TRIM 等命令绘制平面图形，如图 3-37 所示。

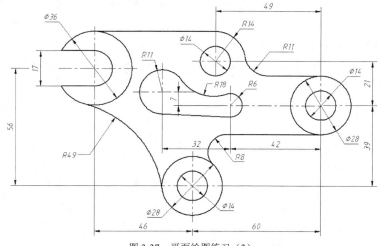

图 3-37 平面绘图练习（3）

主要作图步骤，如图 3-38 所示。

画定位线　　　　　　　　画圆及切线

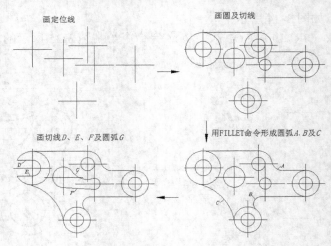

画切线 D、E、F 及圆弧 G　　　　用FILLET命令形成圆弧 A、B 及 C

图 3-38　主要作图步骤

要求：用 LINE、CIRCLE、ARRAY、TRIM 等命令绘制平面图形，如图 3-39 所示。

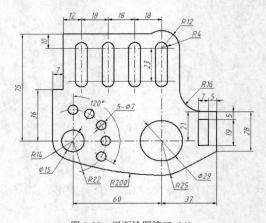

图 3-39　平面绘图练习（4）

主要作图步骤，如图 3-40 所示。

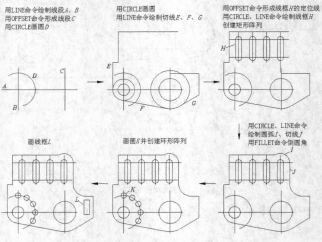

图 3-40　主要作图步骤

实训二　绘制轮芯零件图

要求：用 LINE、CIRCLE、ARRAY、CHAMFER 等命令绘制轮芯零件图，如图 3-41 所示。

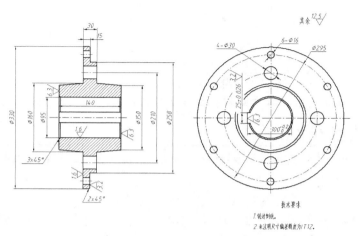

图 3-41　绘制轮芯零件图

1. 创建 2 个图层。

名称	颜色	线型	线宽
轮廓线层	白色	Continuous	0.5
中心线层	红色	Center	默认

2. 通过【线型控制】下拉列表打开【线型管理器】对话框，在此对话框中设定线型全局比例因子为 0.5。

3. 打开极轴追踪、对象捕捉及自动追踪功能。指定极轴追踪角度增量为 90°，设定对象捕捉方式为"端点"、"交点"。

4. 设定绘图区域大小为 500×500。单击【标准】工具栏上的 ⊕ 按钮，使绘图区域充满整个图形窗口显示出来。

5. 切换到轮廓线层，绘制两条作图基准线 A、B，如图 3-42 所示。线段 A 的长度约为 180，线段 B 的长度约为 400。

6. 以 A、B 线为基准线，用 OFFSET 及 TRIM 命令绘制零件主视图，如图 3-42 所示。

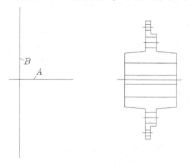

图 3-42　绘制作图基准及主视图

7. 画左视图定位线 C、D，然后画圆，如图 3-43 所示。

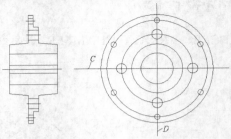

图 3-43　绘制左视图

8. 绘制圆角、键槽等细节，再将轴线、定位线等修改到中心线层上。

 ## 项目小结

本项目主要内容总结如下。

- 使用 CIRCLE 命令绘制圆及各种形式的过渡圆弧。
- 使用 MOVE 命令移动对象，使用 COPY 命令复制对象。这两个命令的操作方法是相同的，用户可通过输入两点来指定对象位移的距离和方向，也可直接输入沿 X、Y 轴的位移值，或是以极坐标形式表明位移矢量。
- 可用 ARRAY 命令创建对象的矩形阵列。阵列的"行"与 X 轴平行，"列"与 Y 轴平行。行、列间距可正、可负。当为正值时，对象沿坐标轴正方向分布；否则，将沿坐标轴负向分布。此外，还可用 ARRAY 命令创建沿倾斜方向的矩形阵列。
- 可用 ARRAY 命令创建对象的环形阵列。阵列的总角度可正、可负。若为正值，对象将沿逆时针方向分布；否则，将沿顺时针方向分布。
- 用 FILLET 命令倒圆角，用 CHAMFER 命令倒角。

 ## 思考与练习

1. 绘制图 3-44 所示的图形。
2. 绘制图 3-45 所示的图形。

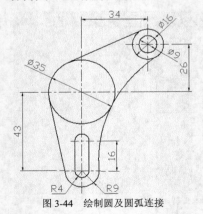

图 3-44　绘制圆及圆弧连接

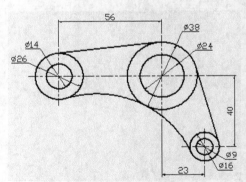

图 3-45　绘制圆、切线及圆弧连接

3.　绘制图 3-46 所示的图形。

4.　绘制图 3-47 所示的图形。

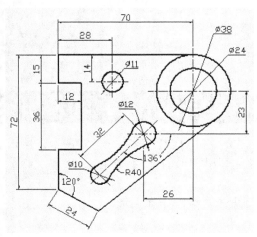

图 3-46　绘制圆、切线及圆弧连接

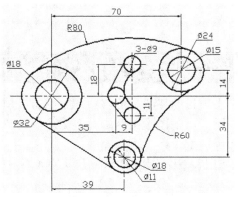

图 3-47　绘制切线及圆弧连接

5.　绘制图 3-48 所示的图形。

6.　绘制图 3-49 所示的图形。

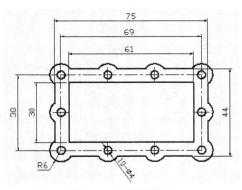

图 3-48　创建矩形阵列

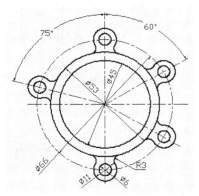

图 3-49　创建环形阵列

绘制多边形、椭圆等对象组成的平面图形

本项目的任务是用 PLINE、ELLIPSE、POLYGON、HATCH 等命令绘制图 4-1 所示的平面图形，该图形由椭圆、多边形等对象组成。首先画出图形的外轮廓线，然后依次绘制图形的局部细节。

用 PLINE、ELLIPSE、POLYGON、HATCH 等命令，绘制平面图形。

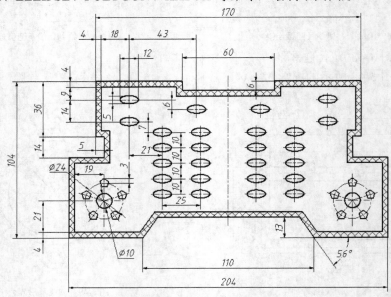

图 4-1　多边形、椭圆等构成的图形

学习目标

掌握绘制多段线的方法。
掌握绘制矩形、正多边形及椭圆的方法。
掌握镜像对象的方法。
掌握绘制填充图案的方法。
熟悉绘制波浪线的方法。
了解编辑填充图案的方法。

任务一 绘制图形的外轮廓线

绘制图形外轮廓线、椭圆及多边形，然后阵列并复制对象，具体绘图过程如图 4-2 所示。

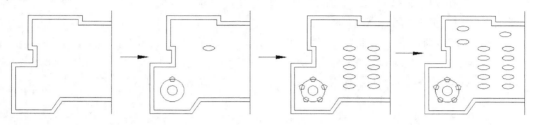

图 4-2 绘图过程

（一） 绘制多段线

PLINE命令用来创建二维多段线。多段线是由几段直线和圆弧构成的连续线条，它是一个单独的图形对象。二维多段线具有以下特点。

- 能够设定多段线中直线及圆弧的宽度。
- 可以利用有宽度的多段线形成实心圆、圆环、带锥度的粗线等。
- 能在指定的线段交点处或对整个多段线进行倒圆角或倒斜角处理。
- 可以使直线、圆弧构成闭合多段线。

【步骤解析】

1. 创建 3 个图层。

名称	颜色	线型	线宽
轮廓线层	白色	Continuous	0.5
剖面线层	绿色	Continuous	默认
中心线层	红色	Center	默认

2. 打开极轴追踪、对象捕捉及自动追踪功能。指定极轴追踪角度增量为90°，设定对象捕捉方式为"端点"、"圆心"和"交点"。

3. 设定线型全局比例因子为 0.2，设定绘图区域大小为 250×250，单击【标准】工具栏上的 按钮，使绘图区域充满整个图形窗口显示出来。

4. 切换到轮廓线层，绘制竖直作图基准线 A，长度约为 110，如图4-3 左图所示。

5. 单击【绘图】工具栏上的 按钮，或输入命令代号 PLINE，启动绘制多段线命令。

命令：_pline
指定起点：nea 到 　　　　　　　　　　　　//捕捉最近点 B，如图 4-3 左图所示
指定下一个点或 [圆弧(A)/半宽(H)/长度(L)/放弃(U)/宽度(W)]：30
//从 B 点向左追踪并输入追踪距离
指定下一点或 [圆弧(A)/闭合(C)/半宽(H)/长度(L)/放弃(U)/宽度(W)]：6
//从 C 点向上追踪并输入追踪距离
指定下一点或 [圆弧(A)/闭合(C)/半宽(H)/长度(L)/放弃(U)/宽度(W)]：55
//从 D 点向左追踪并输入追踪距离

指定下一点或 [圆弧(A)/闭合(C)/半宽(H)/长度(L)/放弃(U)/宽度(W)]：36

//从 E 点向下追踪并输入追踪距离

指定下一点或 [圆弧(A)/闭合(C)/半宽(H)/长度(L)/放弃(U)/宽度(W)]：5

//从 F 点向右追踪并输入追踪距离

指定下一点或 [圆弧(A)/闭合(C)/半宽(H)/长度(L)/放弃(U)/宽度(W)]：14

//从 G 点向下追踪并输入追踪距离

指定下一点或 [圆弧(A)/闭合(C)/半宽(H)/长度(L)/放弃(U)/宽度(W)]：17

//从 H 点向左追踪并输入追踪距离

指定下一点或 [圆弧(A)/闭合(C)/半宽(H)/长度(L)/放弃(U)/宽度(W)]：54

//从 I 点向下追踪并输入追踪距离

指定下一点或 [圆弧(A)/闭合(C)/半宽(H)/长度(L)/放弃(U)/宽度(W)]：42

//从 J 点向右追踪并输入追踪距离

指定下一点或 [圆弧(A)/闭合(C)/半宽(H)/长度(L)/放弃(U)/宽度(W)]：

//按 Enter 键结束

6. 绘制线段 KL、MN，如图4-3左图所示。

命令：_line 指定第一点：　　　　　　　　//捕捉端点 K，如图 4-3 左图所示

指定下一点或 [放弃(U)]：<56　　　　　　//输入画线角度

指定下一点或 [放弃(U)]：　　　　　　　　//在 L 点处单击一点

指定下一点或 [放弃(U)]：　　　　　　　　//按 Enter 键结束

命令：　　　　　　　　　　　　　　　　//重复命令

LINE 指定第一点：13　　　　　　　　　//从 K 点向上追踪并输入追踪距离

指定下一点或 [放弃(U)]：　　　　　　　　//捕捉交点 N

指定下一点或 [放弃(U)]：　　　　　　　　//按 Enter 键结束

修剪多余线条，结果如图 4-3 右图所示。

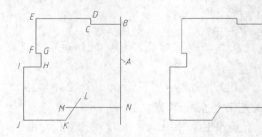

图4-3　绘制多段线

7. 选择【修改】/【对象】/【多段线】或输入命令代号 PEDIT，启动编辑多段线命令。

命令：_pedit 选择多段线或 [多条(M)]：　　//选择直线 R，如图 4-4 左图所示

是否将其转换为多段线？ <Y> y　　　　　　//将直线 R 转化为多段线，

输入选项 [闭合(C)/合并(J)/宽度(W)/编辑顶点(E)/拟合(F)/样条曲线(S)/非曲线化
(D)/线型生成(L)/放弃(U)]：j　　　　　　　//选择"合并"选项

选择对象：找到 1 个，总计 2 个　　　　　//选择直线 S 和多段线 T

选择对象：　　　　　　　　　　　　　　//按 Enter 键

输入选项 [闭合(C)/合并(J)/宽度(W)/编辑顶点(E)/拟合(F)/样条曲线(S)/非曲线化

（D）/线型生成(L)/放弃(U)]: //按 Enter 键结束

8. 用 OFFSET 命令将多段线向内部偏移，偏移距离为4，结果如图4-4右图所示。

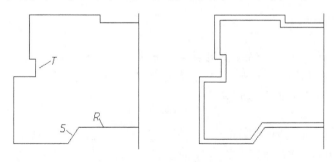

图4-4 编辑并偏移多段线

【知识链接】

(1) PLINE 命令启动方法如下。

- 菜单命令：【绘图】/【多段线】。
- 工具栏：【绘图】工具栏上的 ↵ 按钮。
- 命令：PLINE。

编辑多段线的命令是 PEDIT，该命令可以修改整个多段线的宽度值或分别控制各段的宽度值，此外，还能将线段和圆弧构成的连续线编辑成一条多段线。

(2) PEDIT 命令启动方法如下。

- 菜单命令：【修改】/【对象】/【多段线】。
- 工具栏：【修改Ⅱ】工具栏上的 ⊿ 按钮。
- 命令：PEDIT。

(3) PLINE 命令选项介绍如下。

- 圆弧(A)：使用此选项可以绘制圆弧。
- 闭合(C)：选择此选项将使多段线闭合，它与 LINE 命令中的 "C" 选项作用相同。
- 半宽(H)：该选项用于指定本段多段线的半宽度，即线宽的一半。
- 长度(L)：指定本段多段线的长度，其方向与上一条线段相同或沿上一段圆弧的切线方向。
- 放弃(U)：删除多段线中最后一次绘制的线段或圆弧段。
- 宽度(W)：设置多段线的宽度，此时系统将提示 "指定起点宽度："和"指定端点宽度："，用户可输入不同的起始宽度和终点宽度值，以绘制一条宽度逐渐变化的多段线。

(4) PEDIT 命令选项介绍如下。

- 合并(J)：将线段、圆弧或多段线与所编辑的多段线连接，以形成一条新的多段线。
- 宽度(W)：修改整条多段线的宽度。

（二） 绘制多边形及椭圆

POLYGON 命令用于绘制正多边形。多边形的边数可以 3~1 024。绘制方式包括根据外接圆生成多边形，或是根据内切圆生成多边形。

ELLIPSE 命令用于创建椭圆。画椭圆的常用方法是指定椭圆第一根轴线的两个端点及另一轴长度的一半。另外，用户也可通过指定椭圆中心、第一轴的端点及另一轴线的半轴长度来创建椭圆。

【步骤解析】

1. 画圆 A、B，圆心使用正交偏移捕捉确定，结果如图 4-5 所示。
2. 画正多边形，如图 4-5 所示。单击【绘图】工具栏上的 ⬠ 按钮或输入命令代号 POLYGON，启动绘制正多边形命令。

```
命令:
POLYGON 输入边的数目 <4>: 5              //输入多边形边数
指定正多边形的中心点或 [边(E)]:          //从圆心向上追踪捕捉交点 C
输入选项 [内接于圆(I)/外切于圆(C)] <I>: I   //采用内接于圆方式画多边形
指定圆的半径: 3                           //指定圆半径
```

结果如图 4-5 所示。

3. 画椭圆，如图 4-5 所示。单击【绘图】工具栏上的 ⬭ 按钮，或输入命令代号 ELLIPSE，启动绘制椭圆命令。

```
命令: _ellipse
指定椭圆的轴端点或 [圆弧(A)/中心点(C)]: c   //选择"中心点(C)"选项
指定椭圆的中心点: from                      //使用正交偏移捕捉
基点:                                       //捕捉交点 D，如图 4-5 所示
<偏移>: @39,-30                             //输入椭圆中心点的相对坐标
指定轴的端点: 6                             //向右追踪并输入追踪距离
指定另一条半轴长度或 [旋转(R)]: 2.5          //输入椭圆另一轴长度的一半
```

结果如图 4-5 所示。

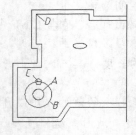

图 4-5　画多边形及椭圆

【知识链接】

(1) POLYGON 命令启动方法如下。
- 菜单命令:【绘图】/【正多边形】。
- 工具栏:【绘图】工具栏上的 ⬠ 按钮。
- 命令: POLYGON 或简写 POL。

(2) POLYGON 命令选项介绍如下。
- 指定正多边形的中心点: 用户输入多边形边数后，再拾取多边形中心点。
- 内接于圆(I): 根据外接圆生成正多边形。

- 外切于圆(C)：根据内切圆生成正多边形。
- 边(E)：输入多边形边数后，再指定某条边的两个端点即可绘制出多边形。

(3)　ELLIPSE 命令启动方法介绍如下。

- 菜单命令：【绘图】/【椭圆】。
- 工具栏：【绘图】工具栏上的 ⬭ 按钮。
- 命令：ELLIPSE 或简写 EL。

(4)　ELLIPSE 命令选项介绍如下。

- 圆弧(A)：该选项使用户可以绘制一段椭圆弧。过程是先绘制一个完整的椭圆，随后系统提示用户指定椭圆弧的起始角及终止角。
- 中心点(C)：通过椭圆中心点、长轴及短轴来绘制椭圆。
- 旋转(R)：按旋转方式绘制椭圆，即将圆绕直径转动一定角度后，再投影到平面上形成椭圆。

（三）　阵列对象

本节将创建正多边形的环形阵列及椭圆的矩形阵列。

【步骤解析】

1. 创建正多边形的环形阵列，阵列项目总数为 5，填充角度为 360°，如图 4-6 所示。
2. 创建椭圆的矩形阵列，阵列行数为 5，列数为 2，行间距为 10，列间距为 25，结果如图 4-6 所示。

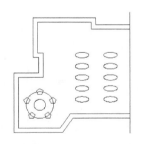

图 4-6　阵列对象

（四）　复制对象

本节将复制椭圆到正确的位置。

【步骤解析】

复制椭圆，如图 4-7 所示。

命令： _copy	
选择对象：找到 1 个	//选择椭圆 E，如图 4-7 所示
选择对象：	//按 Enter 键
指定基点或 [位移(D)/模式(O)] <位移>：-21,7	//输入对象沿 x、y 轴复制距离
指定第二个点或 <使用第一个点作为位移>：	//按 Enter 键结束
命令：COPY	//重复命令

选择对象：找到 1 个	//选择椭圆 F
选择对象：	//按 Enter 键
指定基点或 [位移(D)/模式(O)] <位移>：	//在屏幕上单击一点
指定第二个点或 <使用第一个点作为位移>：14	//向上追踪并输入追踪距离
指定第二个点或 [退出(E)/放弃(U)] <退出>：	//按 Enter 键结束
命令:COPY	//重复命令
选择对象：找到 1 个	//选择椭圆 G
选择对象：	//按 Enter 键
指定基点或 [位移(D)/模式(O)] <位移>：43,-6	//输入对象沿 x、y 轴复制距离
指定第二个点或 <使用第一个点作为位移>：	//按 Enter 键结束

结果如图 4-7 所示。

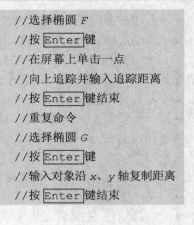

图 4-7　复制椭圆

任务二　形成对称关系

镜像对象，然后填充图案，绘图过程如图 4-8 所示。

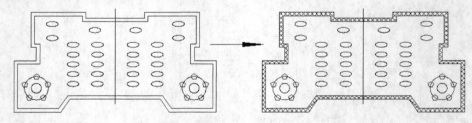

图 4-8　绘图过程

（一）　镜像对象

对于对称图形，用户只需画出图形的一半，另一半可由 MIRROR 命令镜像出来。操作时，先告诉 AutoCAD 要对哪些对象进行镜像，然后再指定镜像线位置即可。

【步骤解析】
单击【修改】工具栏上的 按钮，或输入命令代号 MIRROR，启动镜像命令。

命令: _mirror	
选择对象：指定对角点：找到13 个	//选择镜像对象，如图 4-9 所示
选择对象：	//按 Enter 键
指定镜像线的第一点：	//拾取镜像线上的第一点

| 指定镜像线的第二点： | //拾取镜像线上的第二点 |
| 是否删除源对象？ [是(Y)/否(N)] <N>： | //按 Enter 键，镜像时不删除原对象 |

结果如图 4-9 所示，该图中还显示了镜像时删除原对象的结果。

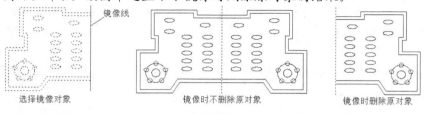

图 4-9　镜像

当对文字进行镜像操作时，结果会使它们被倒置。要避免这一点，需将 MIRRTEXT 系统变量设置为 "0"。

【知识链接】

命令启动方法如下。

- 菜单命令：【修改】/【镜像】。
- 工具栏：【修改】工具栏上的 ◢◣ 按钮。
- 命令：MIRROR 或简写 MI。

（二）　填充图案

用 HATCH 命令填充剖面图案。在填充剖面线时，首先要指定填充边界，一般可用两种方法选定画剖面线的边界，一种是在闭合的区域中选一点，AutoCAD 自动搜索闭合的边界，另一种是通过选择对象来定义边界。

【步骤解析】

1. 单击【绘图】工具栏上的 ▨ 按钮，弹出【图案填充和渐变色】对话框，选择【图案填充】选项卡，如图 4-10 所示。
2. 单击【图案】下拉列表右侧的 ▥ 按钮，弹出【填充图案选项板】对话框，选择【ANSI】选项卡，然后选择剖面线【ANSI37】，如图 4-11 所示。

图 4-10　【图案填充和渐变色】对话框

图 4-11　【填充图案选项板】对话框

3. 在【图案填充和渐变色】对话框中，单击 ⊞ 按钮（拾取点）。
4. 在想要填充的区域中单击点 M、N，如图 4-12 左图，然后按 Enter 键。
5. 单击 预览(V) 按钮，观察填充的预览图。如果满意，按 Enter 键确认，完成剖面图案的绘制，结果如图 4-12 右图所示。若不满意，按 Esc 键，返回【图案填充和渐变色】对话框，重新设定有关参数。

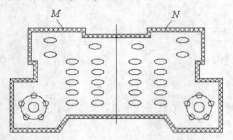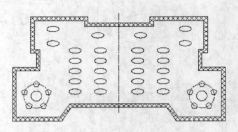

图 4-12　填充剖面图案

6. 调整对称线的长度，并将对称线、多边形定位线修改到中心线层，将填充图案修改到剖面线层，结果如图 4-12 右图所示。

项目拓展

本项目拓展内容主要有绘制正多边形、椭圆和波浪线，以及对封闭区域进行填充等。

（一）　绘制矩形、正多边形及椭圆

正多边形有以下两种画法。
(1) 指定多边形边数及多边形中心。
(2) 指定多边形边数及某一边的两个端点。
打开文件"4-2.dwg"，该文件包含一个大圆和一个小圆。下面用 POLYGON 命令绘制圆的内接正五边形和外切正五边形，如图 4-13 所示。

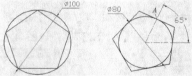

图 4-13　绘制正五边形

【步骤解析】
启动 POLYGON 命令，AutoCAD 2008 提示如下。

```
命令：_polygon 输入边的数目 <4>: 5          //输入多边形的边数
指定正多边形的中心点或 [边(E)]: cen 于       //捕捉大圆的圆心，如图 4-13 左图所示
输入选项 [内接于圆(I)/外切于圆(C)] <I>: I    //采用内接于圆的方式绘制多边形
指定圆的半径：50                             //输入半径值
命令：                                       //重复命令
POLYGON 输入边的数目 <5>:                    //按 Enter 键接受默认值
指定正多边形的中心点或 [边(E)]: cen 于       //捕捉小圆的圆心，如图 4-13 右图所示
```

```
输入选项 [内接于圆(I)/外切于圆(C)] <I>: c    //采用外切于圆的方式绘制多边形
指定圆的半径: @40<65                         //输入 A 点的相对坐标
```

结果如图4-13所示。

绘制图 4-14 所示的图形。

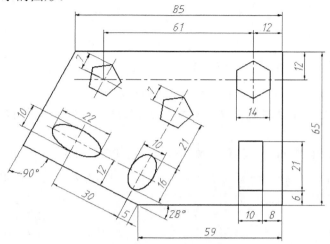

图 4-14　绘制矩形、正多边形及椭圆

【步骤解析】

1. 创建两个图层。

名称	颜色	线型	线宽
轮廓线层	白色	Continuous	0.5
中心线层	蓝色	Center	默认

2. 通过【线型控制】下拉列表打开【线型管理器】对话框，在此对话框中设定线型全局比例因子为"0.2"。

3. 打开极轴追踪、对象捕捉及自动追踪功能。指定极轴追踪角度增量为"90°"；设定对象捕捉方式为"端点"、"交点"。

4. 设定绘图区域大小为100×100。单击【标准】工具栏上的⊕按钮使绘图区域充满整个绘图窗口显示出来。

5. 切换到轮廓线层，用 LINE 命令绘制图形的外轮廓线，再绘制矩形，如图 4-15 所示。单击【绘图】工具栏上的□按钮或输入命令代号 RECTANG，启动绘制矩形命令。

```
命令: _rectang
指定第一个角点或 [倒角(C)/标高(E)/圆角(F)/厚度(T)/宽度(W)]: from
                                    //使用正交偏移捕捉
基点:                                //捕捉交点 A
 <偏移>: @-8,6                        //输入 B 点的相对坐标
指定另一个角点或 [面积(A)/尺寸(D)/旋转(R)]: @-10,21 //输入 C 点的相对坐标
```

结果如图 4-15 所示。

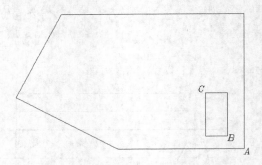

图 4-15　绘制外轮廓线及矩形

6. 用 OFFSET、LINE 命令形成六边形及椭圆的定位线，然后绘制六边形及椭圆，如图 4-16 所示。

单击【绘图】工具栏上的 ⬠ 按钮或输入命令代号 POLYGON，启动绘制多边形命令。

命令：_polygon 输入边的数目 <4>: 6	//输入多边形的边数
指定正多边形的中心点或 [边(E)]:	//捕捉交点 D
输入选项 [内接于圆(I)/外切于圆(C)] <I>: c	//按外切于圆的方式画多边形
指定圆的半径: @7<0	//输入 E 点的相对坐标

单击【绘图】工具栏上的 ⬯ 按钮或输入命令代号 ELLIPSE，启动绘制椭圆命令。

命令：_ellipse	
指定椭圆的轴端点或 [圆弧(A)/中心点(C)]: c	//使用"中心点(C)"选项
指定椭圆的中心点:	//捕捉 F 点
指定轴的端点: @8<62	//输入 G 点的相对坐标
指定另一条半轴长度或 [旋转(R)]: 5	//输入另一半轴长度

结果如图 4-16 所示。

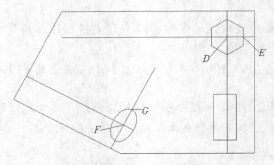

图 4-16　绘制六边形及椭圆

7. 请读者绘制图形的其余部分，然后修改定位线所在的图层。

【知识链接】

(1) 命令启动方法如下。

- 菜单命令：【绘图】/【矩形】。
- 工具栏：【绘图】工具栏上的 ▭ 按钮。
- 命令：RECTANG 或简写 REC。

(2) 命令选项介绍如下。

* 指定第一个角点：在此提示下，用户指定矩形的一个角点。拖动鼠标光标时，屏幕上显示出一个矩形。
* 指定另一个角点：在此提示下，用户指定矩形的另一角点。
* 倒角(C)：指定矩形各顶点倒斜角的大小。
* 标高(E)：确定矩形所在的平面高度。默认情况下，矩形是在 XY 平面内（Z 坐标值为 0）。
* 圆角(F)：指定矩形各顶点倒圆角半径。
* 厚度(T)：设置矩形的厚度，在三维绘图时常使用该选项。
* 宽度(W)：该选项使用户可以设置矩形边的宽度。
* 面积(A)：先输入矩形面积，再输入矩形长度或宽度值创建矩形。
* 尺寸(D)：输入矩形的长、宽尺寸创建矩形。
* 旋转(R)：设定矩形的旋转角度。

（二） 绘制波浪线

利用 SPLINE 命令绘制光滑曲线。该线是样条线，系统通过拟合给定的一系列数据点形成这条曲线。在绘制工程图时，用户可利用 SPLINE 命令绘制波浪线。

【步骤解析】

启动 SPLINE 命令，AutoCAD 2008 提示如下。

```
命令: _spline
指定第一个点或 [对象(O)]:                         //拾取 A 点，如图 4-17 所示
指定下一点:                                        //拾取 B 点
指定下一点或 [闭合(C)/拟合公差(F)] <起点切向>:      //拾取 C 点
指定下一点或 [闭合(C)/拟合公差(F)] <起点切向>:      //拾取 D 点
指定下一点或 [闭合(C)/拟合公差(F)] <起点切向>:      //拾取 E 点
指定下一点或 [闭合(C)/拟合公差(F)] <起点切向>://按 Enter 键指定起点及终点切
线方向
指定起点切向:                      //在 F 点处单击鼠标左键指定起点切线方向
指定端点切向:                      //在 G 点处单击鼠标左键指定终点切线方向
```

结果如图 4-17 所示。

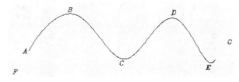

图 4-17　绘制样条曲线

【知识链接】

命令启动方法如下。

* 菜单命令：【绘图】/【样条曲线】。
* 工具栏：【绘图】工具栏上的 ～ 按钮。

- 命令：SPLINE 或简写 SPL。

（三） 填充封闭区域

BHATCH 命令用于生成填充图案。启动该命令后，AutoCAD 2008 打开【图案填充和渐变色】对话框，用户在此对话框中指定填充图案类型，再设定填充比例、角度及填充区域等参数，就可以创建图案填充。

打开文件 "4-5.dwg"，如图 4-18 左图所示。下面用 BHATCH 命令将左图修改为右图。

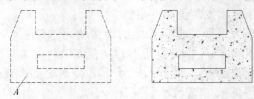

图 4-18　在封闭区域内绘制剖面线

【步骤解析】

1. 单击【绘图】工具栏上的 按钮，打开【图案填充和渐变色】对话框，选择【图案填充】选项卡，如图 4-19 所示。

　该对话框中的常用选项功能如下。

- 【图案】：通过其下拉列表或单击右侧的 按钮选择所需的填充图案。
- 【添加：拾取点】：单击 按钮，然后在填充区域中拾取一点。AutoCAD 2008 自动分析边界集，并从中确定包围该点的闭合边界。
- 【添加：选择对象】：单击 按钮，然后选择一些对象作为填充边界，此时无须对象构成闭合的边界。
- 【删除边界】：填充边界中常常包含一些闭合区域，这些区域称为孤岛。若用户希望在孤岛中也填充图案，则单击 按钮，选择要删除的孤岛。
- 【关联】：图案与填充边界相关联，当修改边界时，图案将自动更新以适应新边界。

2. 单击【图案】下拉列表右边的 按钮，打开【填充图案选项板】对话框，在【其他预定义】选项卡中选择剖面图案【AR-CONC】，如图 4-20 所示。

图 4-19　【图案填充和渐变色】对话框

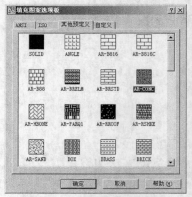

图 4-20　【填充图案选项板】对话框

3. 返回【图案填充和渐变色】对话框，单击 ⊞ 按钮（拾取点），系统提示"拾取内部点"，在填充区域中的 A 点处单击鼠标左键，此时，系统将会自动寻找一个闭合的边界，如图4-18所示。

4. 按 Enter 键，返回【图案填充和渐变色】对话框。

5. 在【角度】和【比例】文本框中分别输入数值"0"和"1.25"。

6. 单击 预览 按钮，观察填充后的预览图，如果满意，按 Enter 键确认，完成剖面图案的绘制，结果如图 4-18 右图所示。若不满意，按 Esc 键返回【图案填充和渐变色】对话框，重新设定有关参数。

【知识链接】

命令启动方法如下。

- 菜单命令:【绘图】/【图案填充】。
- 工具栏:【绘图】工具栏上的 ⊞ 按钮。
- 命令: BHATCH 或简写 BH。

（四）　编辑图案填充

HATCHEDIT 命令用于修改填充图案的外观和类型，如改变图案的角度、比例或用其他样式的图案填充图形等。

【步骤解析】

1. 打开文件"4-6.dwg"，如图4-21左图所示。

2. 启动 HATCHEDIT 命令，系统提示"选择图案填充对象:"，选择图案填充后，弹出【图案填充编辑】对话框，如图4-22所示。该对话框与【图案填充和渐变色】对话框内容相似，通过此对话框，用户就能修改剖面图案、比例及角度等参数和设置。

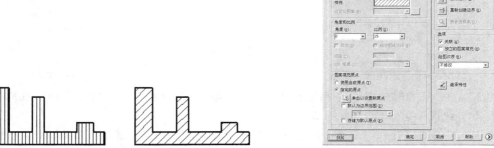

图 4-21　修改图案角度和比例　　　　图 4-22　【图案填充编辑】对话框

3. 在【角度】下拉列表中输入数值 0，在【比例】下拉列表中输入数值 15，单击 确定 按钮，结果如图4-21右图所示。

【知识链接】

命令启动方法如下。

- 菜单命令:【修改】/【对象】/【图案填充】。
- 工具栏:【修改Ⅱ】工具栏上的 ⊞ 按钮。

● 命令：HATCHEDIT 或简写 HE。

实训一 绘制对称图形及填充剖面图案

要求：绘制图 4-23 所示的图形。

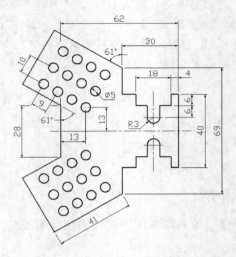

图 4-23　绘制对称图形

1. 打开极轴追踪、对象捕捉及自动追踪功能。设置极轴追踪角度增量为"90°"，对象捕捉方式为"端点"、"交点"，仅沿正交方向进行自动追踪。

2. 绘制水平及竖直的作图基准线 A、B，如图 4-24 所示。线段 A 的长度约为 90，线段 B 的长度约为 60。

3. 以线段 A、B 为基准线，用 OFFSET 命令绘制平行线 C、D、E 等，如图 4-25 左图所示。修剪多余线条，结果如图 4-25 右图所示。

图 4-24　绘制作图基准线 A、B

图 4-25　绘制平行线及修剪多余线条

4. 用 XLINE 及 OFFSET 命令画直线 F、G、H 和 I，如图 4-26 左图所示。修剪及删除多余线条，结果如图 4-26 右图所示。

5. 用 LINE 命令画线框 J，再绘制圆 K，如图 4-27 左图所示。修剪多余线条，结果如图 4-27 右图所示。

图 4-26　绘制直线 F、G 等及修剪多余线条

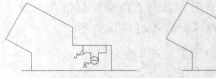

图 4-27　绘制线框 J、圆 K 及修剪多余线条

6. 画圆 L，如图 4-28 左图所示，圆心位置由正交偏移捕捉确定，偏移基点为 M。

7. 创建圆 *L* 的矩形阵列，如图4-28右图所示。阵列行数为 "3"，列数为 "4"，行间距为 "10"，列间距为 "-9"，阵列角度为 "-29"。

8. 将图形沿水平线镜像，结果如图4-29所示。

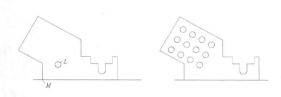

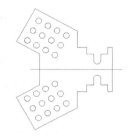

图 4-28　画圆 *L* 及创建矩形阵列

图 4-29　镜像操作

要求：用 LINE、ARRAY、MIRROR 等命令，绘制如图 4-30 所示的平面图形。

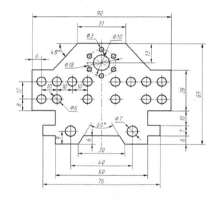

图 4-30　绘图练习（1）

主要作图步骤，如图4-31所示。

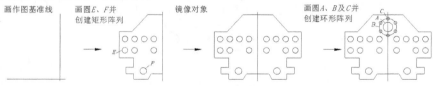

图 4-31　主要作图步骤

要求：利用 CIRCLE、POLYGON、MIRROR 等命令，绘制图 4-32 所示的图形。

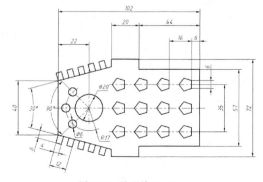

图 4-32　绘图练习（2）

主要作图步骤，如图4-33 所示。

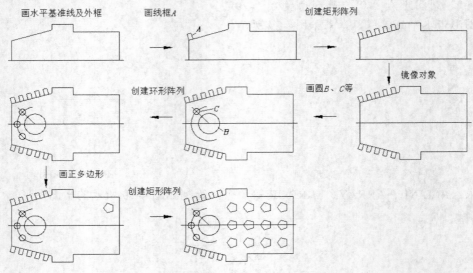

图 4-33　主要作图步骤

要求：用 LINE、PEDIT、HATCH 等命令绘制平面图形，如图 4-34 所示。

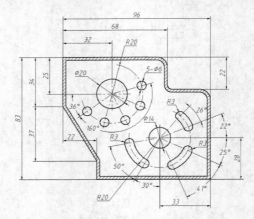

图 4-34　绘图练习（3）

主要作图步骤，如图4-35 所示。

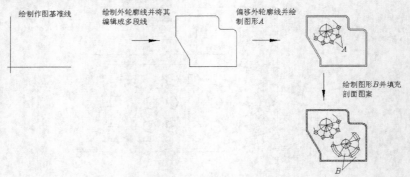

图 4-35　主要作图步骤

要求：用 PLINE、ARRAY、HATCH 等命令绘制平面图形，如图4-36 所示。

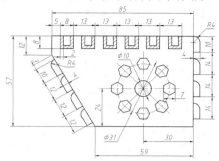

图 4-36　绘图练习（4）

主要作图步骤，如图4-37 所示。

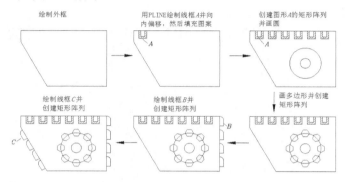

图 4-37　主要作图步骤

实训二　绘制定位板零件图

要求：用 LINE、HATCH、SPLINE 等命令绘制定位板零件图，如图4-38 所示。

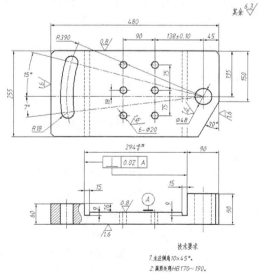

图 4-38　绘制定位板零件图

77

1. 创建 4 个图层。

名称	颜色	线型	线宽
轮廓线层	白色	Continuous	0.5
虚线层	黄色	Dashed	默认
中心线层	红色	Center	默认
细实线层	绿色	Continuous	默认

2. 设定线型全局比例因子为 0.5，设定绘图区域大小为 600×600，单击【标准】工具栏上的 🔍 按钮，使绘图区域充满整个图形窗口显示出来。

3. 打开极轴追踪、对象捕捉及自动追踪功能。指定极轴追踪角度增量为 "90°"，设定对象捕捉方式为 "端点"、"交点"。

4. 切换到轮廓线层，绘制两条作图基准线 A、B，如图 4-39 左图所示。线段 A 的长度约为 300，线段 B 的长度约为 550。

5. 以 A、B 线为基准线，用 OFFSET、TRIM、LINE 命令绘制主视图轮廓线，如图 4-39 右图所示。

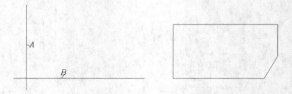

图 4-39　绘制作图基准线并形成主视图轮廓线

6. 用 OFFSET、LINE 等命令画定位线，如图 4-40 左图所示。然后绘制圆及圆弧，如图 4-40 右图所示。

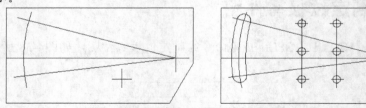

图 4-40　绘制定位线并绘制圆及圆弧

7. 绘制主视图细节，如图 4-41 所示。

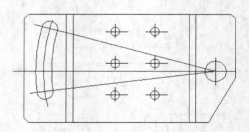

图 4-41　绘制主视图细节

8. 绘制俯视图定位线，如图 4-42 左图所示。然后用 OFFSET 及 TRIM 等命令绘制俯视图细节，如图 4-42 右图所示。

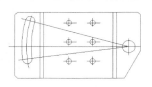 

图 4-42 绘制俯视图

9. 将虚线、剖面线及中心线等分别修改到相应的图层，结果如图4-38所示。

 项目小结

本项目主要内容总结如下。

- 用 PLINE 命令创建连续的多段线，生成的对象都是单独的图形对象，但可用 EXPLODE 命令将其分解。
- 用 RECTANG 命令创建矩形。操作时，可设定是否在矩形的 4 个角点处形成圆角。
- 用 ELLIPSE 命令生成椭圆，椭圆的倾斜方向可通过输入椭圆轴端点的坐标值来控制。
- 用 MIRROR 命令镜像对象。操作时，可指定是否删除原对象。
- 用 POLYGON 命令生成正多边形，该多边形的倾斜方向可通过输入顶点的坐标值来控制。
- 用 SPLINE 命令可以很方便地绘制工程图中的波浪线。
- 用 BHATCH 命令绘制剖面图案。启动该命令后，AutoCAD 2008 打开【图案填充和渐变色】对话框，该对话框中的【角度】选项用于控制剖面图案的旋转角度，【比例】选项用于控制剖面图案的疏密程度。

 思考与练习

1. 绘制图 4-43 所示的图形。
2. 绘制图 4-44 所示的图形。

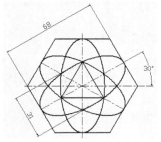

图 4-43 绘制平面图形

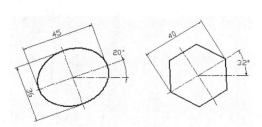

图 4-44 绘制椭圆及正多边形

3. 绘制图 4-45 所示的图形。

4. 绘制图 4-46 所示的图形。

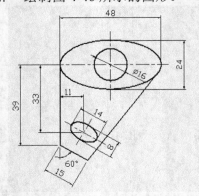

图 4-45　绘制椭圆

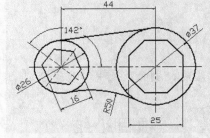

图 4-46　绘制圆和多边形

5. 绘制图 4-47 所示的图形。

6. 绘制图 4-48 所示的图形。

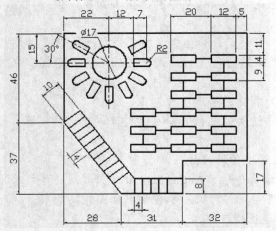

图 4-47　绘制有均布特征的图形

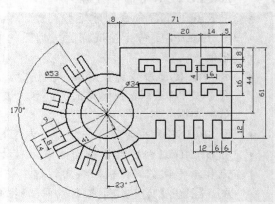

图 4-48　绘制有均布特征的图形

7. 绘制图 4-49 所示的图形。

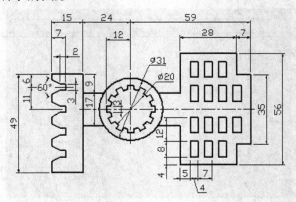

图 4-49　绘制有均布和对称特征的图形

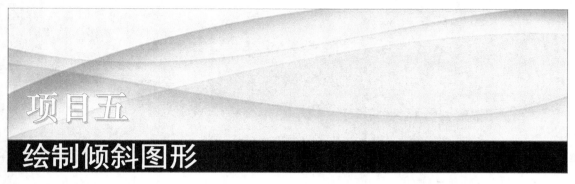

项目五

绘制倾斜图形

　　本项目的任务是用 ROTATE、ALIGN、STRETCH、SCALE 等命令绘制图 5-1 所示的平面图形，该图形中有倾斜的图形对象。首先画出图形的外轮廓线，然后依次绘制图形的局部细节。

　　用 ROTATE、ALIGN、STRETCH、SCALE 等命令，绘制平面图形。

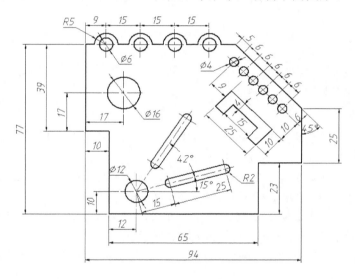

图5-1　画直线构成的图形

任务一　调整图形的位置及倾斜方向

　　绘制图形外轮廓线并旋转对象，然后对齐对象，具体绘图过程，如图 5-2 所示。

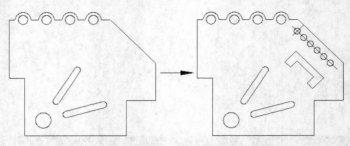

图5-2　绘图过程

（一）　旋转对象

ROTATE 命令可以旋转图形对象，改变图形对象的方向。使用此命令时，用户指定旋转基点并输入旋转角度就可以转动图形实体。此外，用户也可以以某个方位作为参照位置，然后选择一个新对象或输入一个新角度值来指明要旋转到的位置。

【步骤解析】

1. 创建 2 个图层。

名称	颜色	线型	线宽
轮廓线层	白色	Continuous	0.5
中心线层	红色	Center	默认

2. 打开极轴追踪、对象捕捉及自动追踪功能。指定极轴追踪角度增量为 90°，设定对象捕捉方式为"端点"、"圆心"和"交点"。

3. 设定线型全局比例因子为 0.2，设定绘图区域大小为 150×150，单击【标准】工具栏上的 按钮使绘图区域充满整个图形窗口显示出来。

4. 切换到轮廓线层。在该层上绘制图形外轮廓线、圆及线框 A，如图5-3左图所示。

5. 用 ROTATE 命令旋转线框 A，如图 5-3 右图所示。

单击【修改】工具栏上的 按钮，或输入命令代号 ROTATE，启动旋转命令。

```
命令: _rotate
选择对象: 指定对角点: 找到 7 个              //选择线框 A，如图 5-3 左图所示
选择对象:                                  //按 Enter 键确认
指定基点:                                  //捕捉圆心 B
指定旋转角度，或 [复制(C)/参照(R)] <345>: 15  //输入旋转角度
命令: ROTATE                               //重复命令
选择对象: 指定对角点: 找到 7 个              //选择线框 C，如图 5-3 右图所示
选择对象:                                  //按 Enter 键确认
指定基点: cen 于                           //捕捉圆心 B
指定旋转角度，或 [复制(C)/参照(R)] <15>: c   //选择"复制(C)"选项
指定旋转角度，或 [复制(C)/参照(R)] <15>: 42  //输入旋转角度
```

结果如图5-3右图所示。

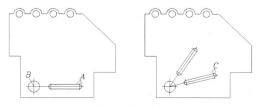

图5-3　旋转对象

【知识链接】

(1)　命令启动方法如下。

- 菜单命令:【修改】/【旋转】。
- 工具栏:【修改】工具栏上的 ⟲ 按钮。
- 命令: ROTATE 或简写 RO。

(2)　命令选项介绍如下。

- 指定旋转角度: 指定旋转基点并输入绝对旋转角度来旋转实体。旋转角是基于当前用户坐标系测量的。如果输入负的旋转角, 选定的对象将按顺时针旋转。反之, 被选择的对象将按逆时针旋转。
- 复制(C): 旋转对象的同时复制对象。
- 参照(R): 指定某个方向作为起始参照角, 然后选择一个新对象作为原对象要旋转到的位置, 也可以输入新角度值来指明要旋转到的方位, 如图 5-4 所示。

```
命令: _rotate
选择对象: 指定对角点: 找到 4 个          //选择要旋转的对象, 如图 5-4 左图所示
选择对象:                                //按 Enter 键确认
指定基点: int 于                         //捕捉 A 点作为旋转基点
指定旋转角度, 或 [复制(C)/参照(R)] <75>: r  //使用"参照(R)"选项
指定参照角 <0>:   int 于                 //捕捉 A 点
指定第二点: end 于                       //捕捉 B 点
指定新角度或 [点(P)] <0>: end 于          //捕捉 C 点
```

结果如图5-4右图所示。

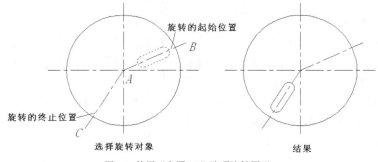

图5-4　使用"参照(R)"选项旋转图形

（二）　对齐对象

ALIGN 命令可以同时移动和旋转一个对象, 使之与另一对象对齐。例如, 用户可以使

图形对象中某点、某条直线或某一个面（三维实体中的面）与另一实体的点、线、面对齐。在操作过程中，用户只需按照 AutoCAD 2008 提示指定源对象与目标对象的一点、两点或三点对齐就可以了。

【步骤解析】

1. 绘制定位线 D、E 及图形 F，如图5-5左图所示。
2. 用 ALIGN 命令将图形 F 定位到正确的位置，如图5-5右图所示。
   输入命令代号 ALIGN，启动对齐命令。

命令：align
选择对象：指定对角点：找到 20 个   //选择图形 F，如图 5-5 左图所示
选择对象：   //按 Enter 键
指定第一个源点：   //捕捉第一个源点 G
指定第一个目标点：   //捕捉第一个目标点 H
指定第二个源点：   //捕捉第二个源点 I
指定第二个目标点：   //捕捉第二个目标点 J
指定第三个源点或 <继续>：   //按 Enter 键
是否基于对齐点缩放对象？[是(Y)/否(N)] <否>：//按 Enter 键不缩放源对象

结果如图 5-5 右图所示。

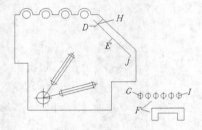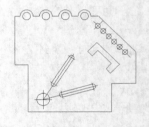

图5-5 对齐对象

【知识链接】

命令启动方法如下。

- 菜单命令：【修改】/【三维操作】/【对齐】。
- 命令：ALIGN 或简写 AL。

使用 ALIGN 命令时，用户可按照指定 1 个端点、两个端点或 3 个端点来对齐实体。在二维平面绘图中，一般只需使源对象与目标对象按一个或两个端点进行对正。操作完成后源对象与目标对象的第一点将重合在一起。如果要使它们的第二个端点也重合，就需利用"基于对齐点缩放对象"选项缩放源对象。此时，第一目标点是缩放的基点，第一与第二源点间的距离是第一个参考长度，第一和第二目标点间的距离是新的参考长度，新的参考长度与第一个参考长度的比值就是缩放比例因子。

任务二 改变图形的形状

拉伸图形对象，然后按比例缩放对象，绘图过程如图 5-6 所示。

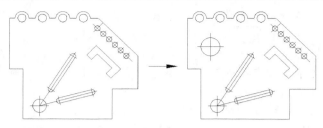

图5-6 绘图过程

（一） 拉伸图形对象

STRETCH 命令可以一次将多个图形对象沿指定的方向进行拉伸，编辑过程中必须用交叉窗口选择对象，除被选中的对象外，其他图元的大小及相互间的几何关系将保持不变。

【步骤解析】

单击【修改】工具栏上的 按钮，或输入命令代号 STRETCH，启动拉伸命令。

命令: _stretch	
选择对象:	//单击 A 点，如图5-7左图所示
指定对角点: 找到 5 个	//单击 B 点
选择对象:	//按 Enter 键
指定基点或 [位移(D)] <位移>: 5<57	//输入拉伸距离和方向
指定第二个点或 <使用第一个点作位移>:	//按 Enter 键结束

结果如图5-7右图所示。

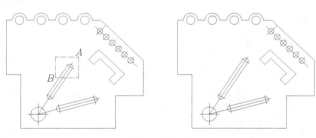

图5-7 拉伸对象

【知识链接】

命令启动方法如下。

- 菜单命令：【修改】/【拉伸】。
- 工具栏：【修改】工具栏上的 按钮。
- 命令：STRETCH 或简写 S。

使用 STRETCH 命令时，首先应利用交叉窗口选择对象，然后指定对象拉伸的距离和方向。凡在交叉窗口中的图形元素顶点都被移动，而与交叉窗口相交的图形元素将被延伸或缩短。

设定拉伸距离和方向的方式如下。

- 在屏幕上指定两个点，这两点的距离和方向代表了拉伸实体的距离和方向。当系统提示"指定基点:"时，指定拉伸的基准点；当系统提示"指定第二个点:"时，捕捉第二点或输入第二点相对于基准点的相对直角坐标或极坐标。
- 以"x, y"方式输入对象沿 x、y 轴拉伸的距离，或用"距离<角度"方式输入拉

伸的距离和方向。当系统提示"指定基点:"时，输入拉伸值；当系统提示"指定第二个点:"时，按 Enter 键确认，这样系统就以输入的拉伸值来拉伸对象。
- 打开正交或极轴追踪功能，就能方便地将实体只沿 x 或 y 轴其中一个方向拉伸。当系统提示"指定基点:"时，单击一点并把实体向水平或竖直方向拉伸，然后输入拉伸值。
- 使用"位移(D)"选项。启动该选项后，系统提示"指定位移:"。此时，以"x,y"方式输入沿 x、y 轴拉伸的距离，或以"距离<角度"方式输入拉伸的距离和方向。

（二） 按比例缩放对象

SCALE 命令可将对象按指定的比例因子相对于基点放大或缩小。使用此命令时，用户可以用下面两种方式缩放对象。
- 选择缩放对象的基点，然后输入缩放比例因子。在比例变换图形的过程中，缩放基点在屏幕上的位置将保持不变，它周围的图形元素以此点为中心按给定的比例因子放大或缩小。
- 输入一个数值或拾取两点来指定一个参考长度（第 1 个数值），然后再输入新的数值或拾取另外一点（第 2 个数值），系统将计算两个数值的比率并以此比率作为缩放比例因子。当用户想将某一对象放大到特定尺寸时，就可以使用这种方法。

【步骤解析】
1. 将圆 A 复制到 C 点，如图5-8左图所示。
2. 用 SCALE 命令放大圆 B，如图5-8右图所示。
   单击【修改】工具栏上的 按钮，或输入命令代号 SCALE，启动缩放命令。

```
命令: _scale
选择对象: 找到 3 个                              //选择圆 B，如图 5-8 左图所示
选择对象:                                        //按 Enter 键
指定基点:                                        //捕捉圆心 C
指定比例因子或 [复制(C)/参照(R)] <2.0000>: r    //选择"参照(R)"选项
指定参照长度 <5.0000>: 12                         //输入原长度
指定新的长度或 [点(P)] <10.0000>: 16              //输入新的长度
```
结果如图5-8右图所示。

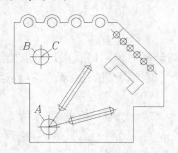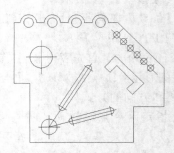

图5-8 缩放对象

3. 用 LENGTHEN 命令调整定位线的长度，然后将它们修改到中心线层上。

【知识链接】

(1) 命令启动方法如下。

- 菜单命令:【修改】/【缩放】。
- 工具栏:【修改】工具栏上的 □ 按钮。
- 命令: SCALE 或简写 SC。

(2) 命令选项介绍如下。

- 指定比例因子: 直接输入缩放比例因子,系统根据此比例因子缩放图形。若比例因子小于 1,则缩小对象;若大于 1,则放大对象。
- 复制(C): 缩放对象的同时复制对象。
- 参照(R): 以参照方式缩放图形。用户输入参考长度及新长度,系统把新长度与参考长度的比值作为缩放比例因子进行缩放。
- 点(P): 使用两点来定义新的长度。

项目拓展

本项目拓展介绍关键点编辑的方式以及如何改变对象属性和对象特性匹配的问题。

（一） 关键点编辑方式

关键点编辑方式是一种集成的编辑模式,该模式包含了 5 种编辑方法,即拉伸、移动、旋转、比例缩放和镜像。

在默认情况下,系统的关键点编辑方式是开启的。当用户选择实体后,实体上将出现若干方框,这些方框被称为关键点。把十字光标靠近方框并单击,激活关键点编辑状态,此时系统自动进入"拉伸"编辑方式,连续按下 Enter 键,就可以在所有编辑方式间切换。此外,也可在激活关键点后,单击鼠标右键,弹出快捷菜单,如图 5-9 所示,通过此菜单选择某种编辑方法。

图5-9　关键点编辑方式

系统为每种编辑方法提供的选项基本相同,其中"基点(B)"、"复制(C)"选项是所有编辑方式所共有的。

- 基点(B): 该选项使用户可以拾取某一个点作为编辑过程的基点。例如,当进入了旋转编辑模式,并要指定一个点作为旋转中心时,就使用"基点(B)"选项。在默认情况下,编辑的基点是热关键点(选中的关键点)。
- 复制(C): 如果用户在编辑的同时还需复制对象,则选取此选项。

打开文件"5-2.dwg",如图 5-10 左图所示,利用关键点编辑方式将左图修改为右图。

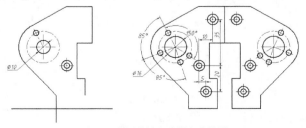

图5-10　利用关键点编辑方式绘图

利用关键点拉伸对象

在拉伸编辑模式下，当热关键点是线条的端点时，将有效地拉伸或缩短对象。如果热关键点是线条的中点、圆或圆弧的圆心或者属于块、文字及尺寸数字等实体时，这种编辑方式就只移动对象。

利用关键点拉伸直线。

【步骤解析】

打开极轴追踪、对象捕捉及自动追踪功能。指定极轴追踪角度增量为 90°，设定对象捕捉方式为"端点"、"圆心"及"交点"。

命令：	//选择直线 A，如图5-11 左图所示
命令：	//选中关键点 B
** 拉伸 **	//进入拉伸模式
指定拉伸点或 [基点(B)/复制(C)/放弃(U)/退出(X)]：	//向下移动鼠标光标并捕捉 C 点

继续调整其他线条长度，结果如图5-11 右图所示。

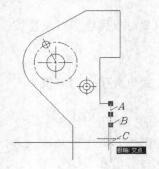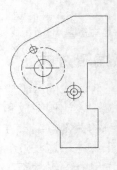

图5-11　拉伸线段

 打开正交状态后，用户就可以很方便地利用关键点拉伸方式改变水平或竖直线段的长度。

利用关键点移动和复制对象

关键点移动模式可以编辑单一对象或一组对象，在此方式下使用"复制(C)"选项就能在移动实体的同时进行复制。这种编辑模式的使用与普通的 MOVE 命令很相似。

利用关键点复制对象。

【步骤解析】

命令：	//选择对象 D，如图5-12左图所示
命令：	//选中一个关键点
** 拉伸 **	
指定拉伸点或 [基点(B)/复制(C)/放弃(U)/退出(X)]：	//进入拉伸模式
** 移动 **	//按 Enter 键进入移动模式
指定移动点或 [基点(B)/复制(C)/放弃(U)/退出(X)]：c	
//利用"复制(C)"选项进行复制	
** 移动 (多重) **	

```
指定移动点或 [基点(B)/复制(C)/放弃(U)/退出(X)]: b//使用"基点(B)" 选项
指定基点:                              //捕捉对象 D 的圆心
** 移动 (多重) **
指定移动点或 [基点(B)/复制(C)/放弃(U)/退出(X)]: @10,35 //输入相对坐标
** 移动 (多重) **
指定移动点或 [基点(B)/复制(C)/放弃(U)/退出(X)]: @5,-20 //输入相对坐标
指定移动点或 [基点(B)/复制(C)/放弃(U)/退出(X)]:          //按 Enter 键结束
```

结果如图 5-12 右图所示。

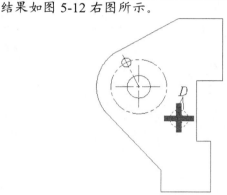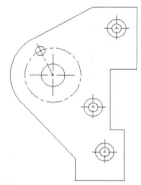

图5-12　复制对象

利用关键点旋转对象

旋转对象是绕旋转中心进行的。当使用关键点编辑模式时，热关键点就是旋转中心，用户也可以指定其他点作为旋转中心。这种编辑方法与 ROTATE 命令相似，它的优点在于一次可将对象旋转且复制到多个方位。

旋转操作中"参照(R)"选项有时非常有用，该选项可以使用户旋转图形实体，使其与某个新位置对齐，下面的练习将演示此选项的用法。

利用关键点旋转对象。

【步骤解析】

```
命令:                        //选择对象 E，如图 5-13 左图所示
命令:                        //选中一个关键点
** 拉伸 **                   //进入拉伸模式
指定拉伸点或 [基点(B)/复制(C)/放弃(U)/退出(X)]: _rotate
                             //单击右键，选择"旋转"选项
** 旋转 **                   //进入旋转模式
指定旋转角度或 [基点(B)/复制(C)/放弃(U)/参照(R)/退出(X)]: c
                             //利用"复制(C)"选项进行复制
** 旋转 (多重) **
指定旋转角度或 [基点(B)/复制(C)/放弃(U)/参照(R)/退出(X)]: b
                             //使用"基点(B)"选项
指定基点:                    //捕捉圆心 F
** 旋转 (多重) **
```

指定旋转角度或 [基点(B)/复制(C)/放弃(U)/参照(R)/退出(X)]: 85   //输入旋转角度
** 旋转 (多重) **
指定旋转角度或 [基点(B)/复制(C)/放弃(U)/参照(R)/退出(X)]: 170 //输入旋转角度
** 旋转 (多重) **
指定旋转角度或 [基点(B)/复制(C)/放弃(U)/参照(R)/退出(X)]: -150 //输入旋转角度
** 旋转 (多重) **
指定旋转角度或 [基点(B)/复制(C)/放弃(U)/参照(R)/退出(X)]:   //按 Enter 键结束

结果如图 5-13 右图所示。

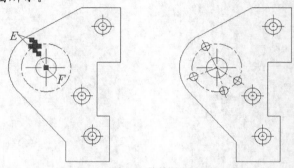

图5-13 旋转图形

利用关键点缩放对象

关键点编辑方式也提供了缩放对象的功能，当切换到缩放模式时，当前激活的热关键点就是缩放的基点。用户可以输入比例系数对实体进行放大或缩小，也可利用"参照(R)"选项将实体缩放到某一尺寸。

利用关键点缩放模式缩放对象。

【步骤解析】

命令: //选择圆 G，如图 5-14 左图所示
命令: //选中任意一个关键点
** 拉伸 **   //进入拉伸模式
指定拉伸点或 [基点(B)/复制(C)/放弃(U)/退出(X)]: _scale
                                                                //单击右键，选择"缩放"选项
** 比例缩放 **   //进入比例缩放模式
指定比例因子或 [基点(B)/复制(C)/放弃(U)/参照(R)/退出(X)]: b
                                                                //使用"基点(B)"选项指定缩放基点
指定基点: //捕捉圆 G 的圆心
** 比例缩放 **
指定比例因子或 [基点(B)/复制(C)/放弃(U)/参照(R)/退出(X)]: 1.6
                                                                //输入缩放比例值

结果如图 5-14 右图所示。

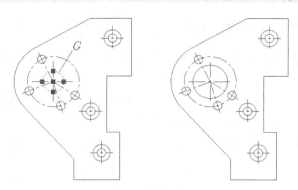

图5-14 缩放对象

利用关键点镜像对象

进入镜像模式后，系统直接提示"指定第二点"。默认情况下，热关键点是镜像线的第一个点，在拾取第二个点后，此点便与第一个点一起形成镜像线。如果用户要重新设定镜像线的第一个点，就选取"基点(B)"选项。

利用关键点镜像对象。

【步骤解析】

```
命令:                                //选择要镜像的对象，如图 5-15 左图所示
命令:                                //选中关键点 H
** 拉伸 **                           //进入拉伸模式
指定拉伸点或 [基点(B)/复制(C)/放弃(U)/退出(X)]: _mirror
                                     //单击右键，选择"镜像"选项
** 镜像 **                           //进入镜像模式
指定第二点或 [基点(B)/复制(C)/放弃(U)/退出(X)]: c  //镜像并复制
** 镜像 (多重) **
指定第二点或 [基点(B)/复制(C)/放弃(U)/退出(X)]:     //捕捉 I 点
** 镜像 (多重) **
指定第二点或 [基点(B)/复制(C)/放弃(U)/退出(X)]:     //按 Enter 键结束
```

结果如图 5-15 右图所示。

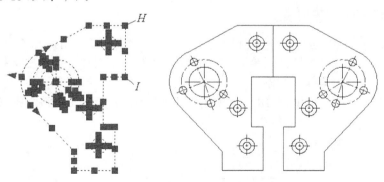

图5-15 镜像图形

> 激活关键点编辑模式后，可通过输入下列字母直接进入某种编辑方式: MI——镜像，MO——移动，RO——旋转，SC——缩放，ST——拉伸。

（二） 用 PROPERTIES 命令改变对象属性

下面通过修改非连续线当前线型比例因子的例子，来讲解 PROPERTIES 命令的用法。

【步骤解析】

1. 打开文件 "5-3.dwg"，如图5-16 左图所示。用 PROPERTIES 命令将左图修改为右图。
2. 选择要编辑的非连续线，如图5-16 左图所示。
3. 单击【标准】工具栏上的 ![按钮] 按钮或输入 PROPERTIES 命令，打开【特性】对话框，如图 5-17 所示。

当前对象线型比例＝1

当前对象线型比例＝2

图5-16 选择对象

图5-17 【特性】对话框

根据所选对象不同，【特性】对话框中显示的属性项目也不同，但有一些属性项目几乎是所有对象都拥有的，如颜色、图层及线型等。当在绘图区中选择单个对象时，【特性】对话框就显示此对象的特性；若选择多个对象，【特性】对话框将显示它们所共有的特性。

4. 用鼠标光标选取【线型比例】文本框，然后输入当前线型比例因子，该比例因子默认值是 1，输入新数值 2，按 Enter 键，图形窗口中的非连续线立即更新，显示修改后的结果，如图5-16右图所示。

【知识链接】

命令启动方法如下。

- 菜单命令：【修改】/【特性】。
- 工具栏：【标准】工具栏上的 ![按钮] 按钮。
- 命令：PROPERTIES 或简写 PROPS。

（三） 对象特性匹配

MATCHPROP 命令是一个非常有用的编辑工具。用户可使用此命令将源对象的属性（如颜色、线型、图层和线型比例等）传递给目标对象。操作时，用户要选择两个对象，第一个为源对象，第二个是目标对象。

打开文件 "5-4.dwg"，如图5-18 左图所示。用 MATCHPROP 命令将左图修改为右图。

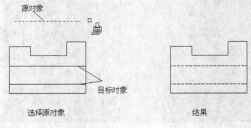

图5-18 特性匹配

【步骤解析】

1. 单击【标准】工具栏上的 按钮，或输入 MATCHPROP 命令，AutoCAD 2008 提示如下。

```
命令：'_matchprop
选择源对象：                              //选择源对象，如图5-18左图所示
选择目标对象或 [设置(S)]：                 //选择第一个目标对象
选择目标对象或 [设置(S)]：                 //选择第二个目标对象
选择目标对象或 [设置(S)]：                 //按 Enter 键结束
```

选择源对象后，鼠标光标变成类似"刷子"形状，用此"刷子"来选取接受属性匹配的目标对象，结果如图5-18右图所示。

2. 如果用户仅想使目标对象的部分属性与源对象相同，可在选择源对象后输入"S"，打开【特性设置】对话框，如图5-19所示。在默认情况下，系统选中该对话框中所有源对象的属性进行复制，但也可指定其中部分属性传递给目标对象。

图5-19 【特性设置】对话框

【知识链接】

命令启动方法如下。

- 菜单命令：【修改】/【特性匹配】。
- 工具栏：【标准】工具栏上的 按钮。
- 命令：MATCHPROP 或简写 MA。

实训一 绘制倾斜图形

要求：绘制图5-20所示的图形。

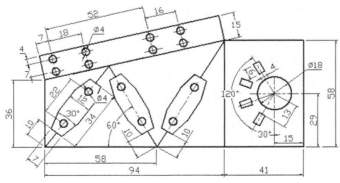

图5-20 绘制具有倾斜方向特征的图形

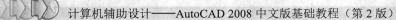

1. 创建 2 个图层。

名称	颜色	线型	线宽
轮廓线层	白色	Continuous	0.5
中心线层	红色	Center	默认

2. 设定线型总体比例因子为 0.2。设定绘图区域大小为 150×150，并使该区域充满整个图形窗口显示出来。

3. 打开极轴追踪、对象捕捉及自动追踪功能。设置极轴追踪角度增量为 90°，设定对象捕捉方式为 "端点"、"交点"，设置仅沿正交方向进行捕捉追踪。

4. 用 LINE 命令绘制线框 A，如图 5-21 所示。

5. 用 LINE 命令画线段 B、C 及矩形 D，然后画圆，如图 5-22 所示。

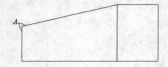

图5-21 绘制线框 A

图5-22 画线框、矩形和圆

6. 将矩形 D 顺时针旋转 30°，然后创建该矩形的环形阵列，结果如图 5-23 所示。

7. 用 OFFSET 及 LINE 命令绘制线段 E、F、G，如图 5-24 所示。

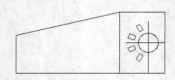

图5-23 旋转矩形并创建环形阵列

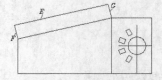

图5-24 绘制线段 E、F、G

8. 画两条相互垂直的线段 H、I，再绘制 8 个圆，如图 5-25 所示。圆 J 的圆心与线段 H、I 的距离分别为 7 和 4。

9. 用 ALIGN 命令将 8 个小圆定位到正确的位置，结果如图 5-26 所示。

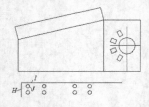

图5-25 画相互垂直的线段 H、I 及 8 个圆

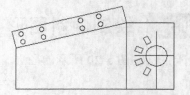

图5-26 改变 8 个小圆的位置

10. 绘制线段 K、L、M，如图 5-27 所示。

11. 绘制图形 N，如图 5-28 所示。

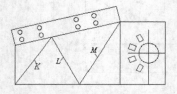

图5-27 绘制线段 K、L、M

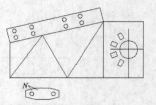

图5-28 绘制图形 N

12. 绘制辅助圆 *A*、*B*，然后用 COPY 和 ALIGN 命令形成新对象 *C*、*D*、*E*，如图5-29 所示。

13. 修剪及删除多余线条，再调整某些线条的长度，结果如图5-30 所示。

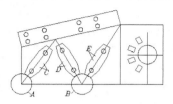

图5-29　形成新对象 *C*、*D*、*E*

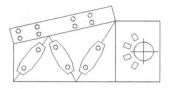

图5-30　修饰图形

要求：用 RETANGE、COPY、ROTATE 等命令绘图，如图5-31 所示。

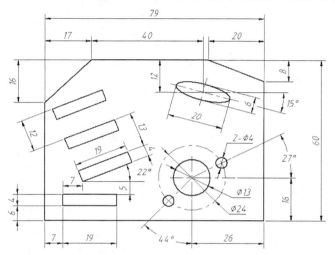

图5-31　输入点坐标画线

主要作图步骤，如图 5-32 所示。

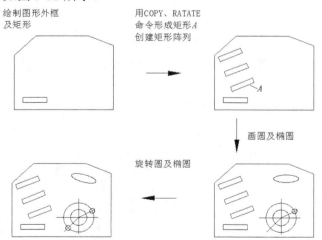

图5-32　主要作图步骤

要求：用 ROTATE、ALIGN 等命令及关键点编辑方式绘图，如图 5-33 所示。

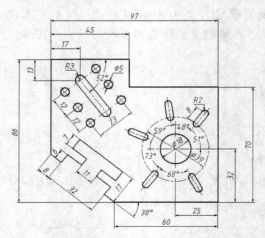

图5-33 用 ROTATE、ALIGN 等命令及关键点编辑方式绘图

主要作图步骤，如图 5-34 所示。

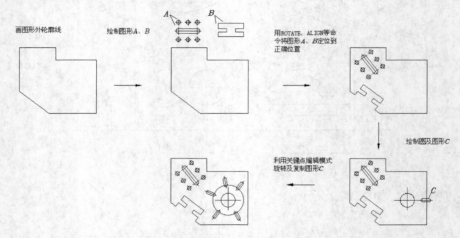

图5-34 主要作图步骤

要求：用 ROTATE、HATCH、SPLINE 等命令绘制平面图形，如图5-35 所示。

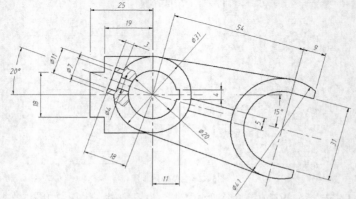

图5-35 用 ROTATE、HATCH 等命令绘图

主要作图步骤，如图5-36 所示。

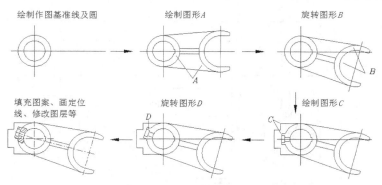

图5-36 主要作图步骤

要求：用 ARRAY、ROTATE、RETANGE 等命令绘制平面图形，如图5-37 所示。

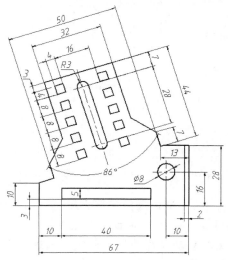

图5-37 用 ARRAY、ROTATE 等命令绘图

主要作图步骤，如图5-38 所示。

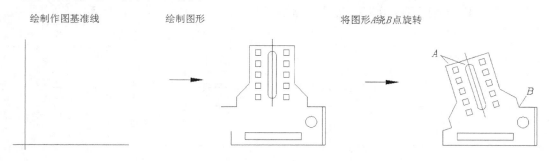

图5-38 主要作图步骤

实训二 利用已有图形生成新图形

要求：用 COPY、STRETCH、ROTATE 等命令绘制平面图形，如图5-39 所示。

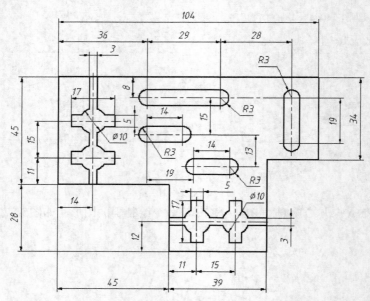

图5-39 绘制曲轴零件图

1. 创建两个图层。

名称	颜色	线型	线宽
轮廓线层	白色	Continuous	0.5
中心线层	红色	Center	默认

2. 设定线型全局比例因子为 0.1，设定绘图区域大小为 150×150，单击【标准】工具栏上的 按钮，使绘图区域充满整个图形窗口显示出来。

3. 打开极轴追踪、对象捕捉及自动追踪功能。设定极轴追踪角度增量为 90°，设定对象捕捉方式为"端点"、"交点"及"圆心"。

4. 切换到轮廓线层，绘制外轮廓线，如图5-40 左图所示。

5. 用 CIRCLE、OFFSET、TRIM 等命令绘制线框 A、B，如图5-40右图所示。

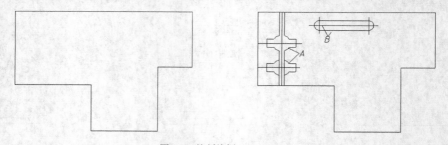

图5-40 绘制线框 A、B

6. 复制线框 B，如图5-41左图所示。

7. 用 STRETCH 命令修改线框 C，用 STRETCH、ROTATE 命令修改线框 D，复制线框 C 形成线框 E，如图5-41右图所示。

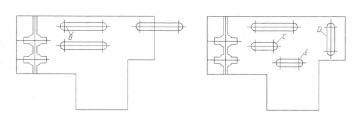

图5-41 修改线框 C、D 等

8. 用 COPY、ROTATE、MOVE、STRETCH 等命令形成线框 E，如图 5-42 所示。

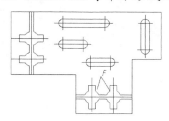

图5-42 用编辑命令形成线框 F

9. 用 LENGTHEN 命令定位线的长度，然后将它们修改到中心线层上。

项目小结

本项目主要内容总结如下。

*   用 ROTATE 命令旋转对象，旋转角度逆时针为正，顺时针为负。用 ALIGN 命令对齐对象。绘制倾斜图形时，这两个命令很有用，因为用户可先在水平位置画出图形，然后利用旋转或对齐命令将图形定位到倾斜方向。
*   用 STRETCH 命令可拉伸图形，用 SCALE 命令可比例缩放图形。前者可在保证已有几何关系不变的情况下改变对象的大小或位置。
*   利用关键点编辑对象。该编辑模式提供了 5 种常用的编辑功能，例如拉伸、移动、旋转、缩放及镜像等。因此，用户不必每次在工具栏上选定命令按钮就可以完成大部分的编辑任务了。
*   用 PROPERTIES 命令编辑对象属性，例如图层、颜色、线型等。用 MATCHPROP 命令使目标对象的属性与源对象属性匹配。

思考与练习

1. 打开文件 "xt-1.dwg"，如图 5-43 左图所示。用 ROTATE 和 COPY 命令将左图修改为右图。
2. 绘制图 5-44 所示的图形。

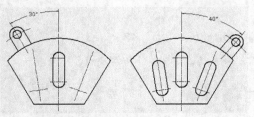

图5-43　旋转和复制对象

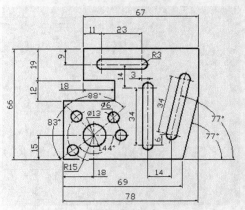

图5-44　旋转和复制对象

3.　绘制图 5-45 所示的图形。

4.　绘制图 5-46 所示的图形。

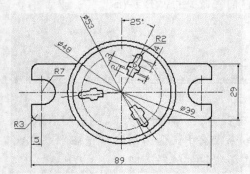

图5-45　用 ALIGN 命令定位图形

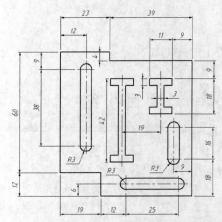

图5-46　用 LINE、COPY 及 STRETCH 等命令绘图

5.　绘制图 5-47 所示的图形。

6.　绘制图 5-48 所示的图形。

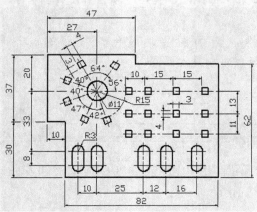

图5-47　利用关键点编辑模式绘图

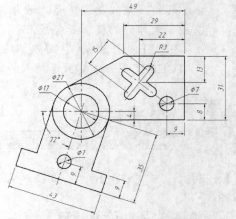

图5-48　用 ROTATE、ALIGN 等命令绘图

绘制圆点、图块等对象组成的图形

本项目的任务是用 LINE、MLINE、DONUT、DIVIDE 等命令绘制图 6-1 所示的平面图形，该图形由圆点、实心多边形等对象组成。首先画出图形的轮廓线，然后绘制圆点及实心多边形并将它们均匀分布。

用 LINE、MLINE、DONUT、DIVIDE 等命令，绘制平面图形。

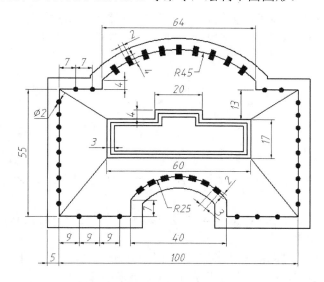

图6-1 画圆点、图块等对象组成的图形

学习目标

掌握创建多线、圆环及实心多边形的方法。
掌握创建定距等分点及定数等分点的方法。
掌握创建图块、插入图块的方法。
掌握创建图块属性的方法。
熟悉引用外部图形的方法。
掌握创建面域及布尔运算的方法。
熟悉如何列出对象的图像信息。
了解测量距离、面积及周长的方法。

任务一　创建圆点、多线等对象

绘制图形的轮廓，然后画圆点及实心多边形，绘图过程如图 6-2 所示。

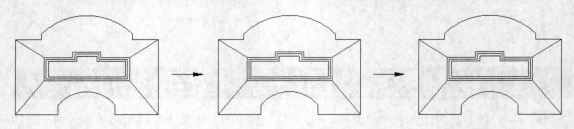

图6-2　绘图过程

（一）　绘制多线

　　MLINE 命令用来创建多线，多线是由多条平行直线组成的图形对象，如图 6-3 所示。绘制时，用户可以通过选择多线样式来控制其外观。多线样式中规定了各平行线的特性，如线型、线间距、颜色等。

图6-3　多线

【步骤解析】

1. 打开极轴追踪、对象捕捉及自动追踪功能，设定对象捕捉方式为"端点"、"交点"及"圆心"。

2. 设定绘图区域大小为 150×150，单击【标准】工具栏上的 按钮，使绘图区域充满整个图形窗口显示出来。

3. 用 LINE、CIRCLE、TRIM 等命令绘制图形的外轮廓线，如图6-4 所示。

4. 设置多线样式。选择菜单命令【格式】/【多线样式】，AutoCAD 弹出【多线样式】对话框，如图6-5 所示。

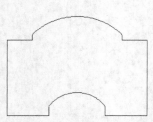

图6-4　绘制图形的外轮廓线

图6-5　【多线样式】对话框

5. 单击 新建(N)... 按钮，弹出【创建新的多线样式】对话框，如图 6-6 所示。在【新样式名】文本框中输入新样式的名称为 "新多线样式"。

6. 单击 继续 按钮，弹出【新建多线样式:新多线样式】对话框，再单击 添加(A) 按钮，AutoCAD 在多线中加入一条直线，该直线位于原有两条直线的中间，即偏移量为 0，如图 6-7 所示。

图6-6 【创建新的多线样式】对话框　　　　图6-7 【新建多线样式:新多线样式】对话框

7. 如果要指定【图元】列表框中选定线元素的线型可单击 线型(Y)... 按钮。

8. 单击 确定 按钮，返回【多线样式】对话框，再单击 置为当前(U) 按钮，使新样式成为当前样式。

9. 绘制多线。选择菜单命令【绘图】/【多线】，或输入命令代号 MLINE，启动多线命令。

```
命令: _mline
当前设置: 对正 = 无，比例 = 20.00，样式 = 新多线样式
指定起点或 [对正(J)/比例(S)/样式(ST)]: j            //设定多线的对正方式
输入对正类型 [上(T)/无(Z)/下(B)] <上>: t            //以顶端直线为对正的基线
指定起点或 [对正(J)/比例(S)/样式(ST)]: s            //设置多线比例
输入多线比例 <20.00>: 3                             //输入比例值
指定起点或 [对正(J)/比例(S)/样式(ST)]: from         //使用正交偏移捕捉
基点:                                              //捕捉交点 A，如图 6-8 左图所示
<偏移>: @-2,-13                                     //输入 B 点相对坐标
指定下一点: 17                                      //从 B 点向下追踪并输入追踪距离
指定下一点或 [放弃(U)]: 60                          //从 C 点向左追踪并输入追踪距离
指定下一点或 [闭合(C)/放弃(U)]: 17                  //从 D 点向上追踪并输入追踪距离
指定下一点或 [闭合(C)/放弃(U)]: 20                  //从 E 点向右追踪并输入追踪距离
指定下一点或 [闭合(C)/放弃(U)]: 4                   //从 F 点向上追踪并输入追踪距离
指定下一点或 [闭合(C)/放弃(U)]: 20                  //从 G 点向右追踪并输入追踪距离
指定下一点或 [闭合(C)/放弃(U)]: 4                   //从 H 点向下追踪并输入追踪距离
指定下一点或 [闭合(C)/放弃(U)]: c                   //使多线闭合
```

结果如图 6-8 左图所示。

10. 画线 A、B、C、D，如图6-8右图所示。

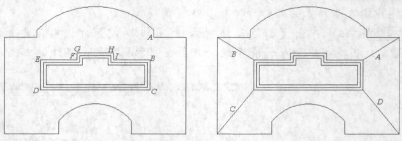

图6-8 绘制轮廓线

【知识链接】

(1) MLINE 命令启动方法如下。

- 菜单命令：【绘图】/【多线】。
- 命令：MLINE。

(2) MLINE 命令选项介绍如下。

- 对正(J)：设定多线对正方式，即多线中哪条线段的端点与鼠标光标重合并随鼠标光标移动。该选项有 3 个子选项，分别如下。

  上(T)：若从左向右绘制多线，则对正点将在顶端线段的端点处。

  无(Z)：对正点位于多线中偏移量为 0 的位置。多线中线条的偏移量可在多线样式中设定。

  下(B)：若从左向右绘制多线，则对正点将在底端线段的端点处。

- 比例(S)：指定多线宽度相对于定义宽度（在多线样式中定义）的比例因子，该比例不影响线型比例。

- 样式(ST)：该选项使用户可以选择多线样式，默认样式是"STANDARD"。

(3) MLSTYLE 命令启动方法如下。

- 菜单命令：【格式】/【多线样式】。
- 命令：MLSTYLE。

(4) 【新建多线样式】对话框中常用选项的功能如下。

- 添加(A) 按钮：单击此按钮，系统在多线中添加一条新线，该线的偏移量可在【偏移】文本框中输入。

- 删除(D) 按钮：删除【图元】列表框中选定的线元素。

- 【颜色】下拉列表：通过此列表修改【图元】列表框中选定线元素的颜色。

- 线型(Y)... 按钮：指定【图元】列表框中选定线元素的线型。

- 【显示连接】：选中该选项，则系统在多线拐角处显示连接线，如图6-9左图所示。

- 【直线】：在多线的两端产生直线封口形式，如图6-9右图所示。

- 【外弧】：在多线的两端产生外圆弧封口形式，如图6-9右图所示。

- 【内弧】：在多线的两端产生内圆弧封口形式，如图6-9右图所示。

- 【角度】：该角度是指多线某一端的端口连线与多线的夹角，如图6-9右图所示。

- 【填充颜色】下拉列表：通过此列表设置多线的填充色。

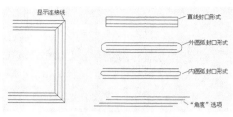

图6-9 多线的各种特性

（二） 绘制圆环及圆点

DONUT 命令可创建填充圆环或实心填充圆。启动该命令后，用户依次输入圆环内径、外径及圆心，AutoCAD 就生成圆环。若要画实心圆，则指定内径为 0 即可。

【步骤解析】

选择菜单命令【绘图】/【圆环】或输入命令代号 DONUT，启动圆环命令。

命令: _donut	
指定圆环的内径 <2.0000>: 0	//输入圆环内径
指定圆环的外径 <5.0000>: 2	//输入圆环外径
指定圆环的中心点或 <退出>:	//在图形外单击一点指定圆心
指定圆环的中心点或 <退出>:	//按 Enter 键结束

结果如图 6-10 所示。

图6-10 画圆点

DONUT 命令生成的圆环实际上是具有宽度的多段线，用户可用 PEDIT 命令编辑该对象。此外，用户还可以设定是否对圆环进行填充，当把变量 FILLMODE 设置为"1"时，系统将填充圆环；否则，将不填充。

（三） 绘制实心多边形

SOLID 命令可生成填充多边形，如图6-11 所示。发出该命令后，AutoCAD 命令行提示用户指定多边形的顶点（3 个或 4 个点），命令结束后，系统自动填充多边形。指定多边形顶点时，顶点的选取顺序很重要，如果顺序出现错误，将使多边形成打结状。

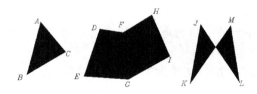

图6-11 区域填充

【步骤解析】

选择菜单命令【绘图】/【建模】/【网格】/【二维填充】，或输入命令代号 SOLID，启动二维填充命令。

命令：SOLID	
指定第一点：	//在图形外单击一点 A，如图 6-12 所示
指定第二点：@0,-4	//输入 B 点的相对坐标
指定第三点：@2,4	//输入 C 点的相对坐标
指定第四点或 <退出>：@0,-4	//输入 D 点的相对坐标
指定第三点：	//按 Enter 键结束
命令：	//重复命令
SOLID 指定第一点：	//在图形外单击一点 E
指定第二点：@0,-2	//输入 F 点的相对坐标
指定第三点：@3,2	//输入 G 点的相对坐标
指定第四点或 <退出>：@0,-2	//输入 H 点的相对坐标
指定第三点：	//按 Enter 键结束

结果如图 6-12 所示。

图6-12　绘制实心多边形

任务二　等分对象

将圆点及实心多边形分别创建成图块，然后在等分点上插入图块，绘图过程如图 6-13 所示。

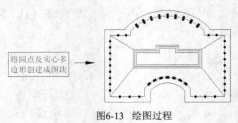

将圆点及实心多边形创建成图块

图6-13　绘图过程

（一）　图块

用 BLOCK 命令可以将图形的一部分或整个图形创建成图块，用户可以给图块起名，并可以定义插入基点。

用 LINE 命令画辅助线 AD、BC、EH、FG，如图 6-14 所示。

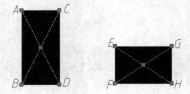

图6-14　画辅助线

【步骤解析】

1. 单击【绘图】工具栏上的 按钮，或输入命令代号 BLOCK，AutoCAD 打开【块定义】对话框，如图6-15 所示。

2. 在【名称】文本框中输入新建图块的名称"多边形 1"，如图6-15 所示。

图6-15　【块定义】对话框

3. 选择构成块的图形元素。单击 按钮（选择对象），AutoCAD 返回绘图窗口，并提示"选择对象"，选择多边形 *ABDC*，如图6-14 所示。

4. 指定块的插入基点。单击 按钮（拾取点），AutoCAD 返回绘图窗口，并提示"指定插入基点"，捕捉 *AD* 和 *BC* 的交点，如图6-14 所示。

5. 单击 ▭ 确定 按钮，AutoCAD 生成图块。

6. 用相同的方法将另一实心多边形和圆点创建成图块，图块名称分别为"多边形 2"、"圆点"，插入点分别为 *EH* 和 *FG* 的交点、圆心。

> 在定制符号块时，一般将块图形画在 1×1 的正方形中，这样就便于在插入块时确定图块沿 *x* 轴、*y* 轴方向的缩放比例因子。

【块定义】对话框中常用选项功能如下。

- 【名称】：在此文本框中输入新建图块的名称，最多可以使用 255 个字符。单击文本框右边的 ▾ 按钮，打开下拉列表，该列表中显示了当前图形的所有图块。

- 【拾取点】：单击此按钮，AutoCAD 切换到绘图窗口，用户可以直接在图形中拾取某点，作为块的插入基点。

- 【X】、【Y】、【Z】文本框：在这 3 个文本框中分别输入插入基点的 x、y 和 z 坐标值。

- 【选择对象】：单击此按钮，AutoCAD 切换到绘图窗口，用户在绘图区中选择构成图块的图形对象。

- 【保留】：选择此单选项，则 AutoCAD 生成图块后，还保留构成块的源对象。

- 【转换为块】：选择此单选项，则 AutoCAD 生成图块后，把构成块的源对象也转化为块。

（二）定距等分点及定数等分点

MEASURE 命令在图形对象上按指定的距离放置点对象（POINE 对象），这些点可用"nod"进行捕捉。对于不同类型的图形元素，距离测量的起始点是不同的。当操作对象为直线、圆弧或多段线时，起始点位于距选择点最近的端点。如果是圆，则一般从 0°角开始进行测量。

DIVIDE 命令根据等分数目在图形对象上放置等分点，这些点并不分割对象，只是标明等分的位置。AutoCAD 中可等分的图形元素包括直线、圆、圆弧、样条线、多段线等。

【步骤解析】

1. 选择菜单命令【绘图】/【点】/【定数等分】或输入命令代号 DIVIDE，启动定数等分点命令。

命令: DIVIDE	
选择要定数等分的对象:	//选择线段 A，如图 6-16 所示
输入线段数目或 [块(B)]: b	//选择"块（B）"选项
输入要插入的块名: 圆点	//输入图块名称
是否对齐块和对象？[是(Y)/否(N)] <Y>:	//按 Enter 键，使块与等分对象对齐
输入线段数目: 10	//输入等分的数目
命令:	
DIVIDE	//重复命令
选择要定数等分的对象:	//选择圆弧 B
输入线段数目或 [块(B)]: b	//选择"块（B）"选项
输入要插入的块名: 多边形 1	//输入图块名称
是否对齐块和对象？[是(Y)/否(N)] <Y>:	//按 Enter 键，使块与等分对象相切
输入线段数目: 10	//输入等分的数目

继续插入图块"多边形 2"，结果如图 6-16 所示。

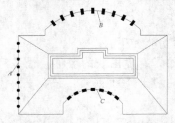

图6-16　在定数等分点处插入图块

2. 选择菜单命令【绘图】/【点】/【定距等分】或输入命令代号 MEASURE，启动定距等分点命令。

命令: _measure	
选择要定距等分的对象:	//在 D 端附近选择对象，如图 6-17 所示
输入线段数目或 [块(B)]: b	//选择"块（B）"选项
输入要插入的块名: 圆点	//输入图块名称
是否对齐块和对象？[是(Y)/否(N)] <Y>:	//按 Enter 键，使块与等分对象对齐
指定线段长度: 7	//输入测量长度
命令:	
MEASURE	//重复命令
选择要定距等分的对象:	//在 E 端处选择对象

输入线段数目或 [块(B)]: b	//选择"块(B)"选项
输入要插入的块名: 圆点	//输入图块名称
是否对齐块和对象? [是(Y)/否(N)] <Y>:	//按 Enter 键
指定线段长度: 9	//输入测量长度

结果如图 6-17 所示。

3. 用 MIRROR 命令镜像圆点，镜像线为 FG，F、G 为中点，如图 6-18 所示。

4. 用 PEDIT 命令将外轮廓线 H 编辑成多段线，并将其向外偏移，偏移距离为 5，结果如图 6-18 所示。

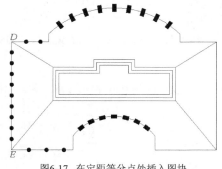

图6-17 在定距等分点处插入图块

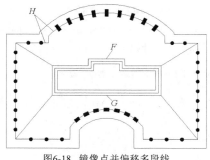

图6-18 镜像点并偏移多段线

【知识链接】

(1) MEASURE 命令启动方法如下。

- 菜单命令:【绘图】/【点】/【定距等分】。
- 命令: MEASURE 或简写 ME。

(2) DIVIDE 命令启动方法如下。

- 菜单命令:【绘图】/【点】/【定数等分】。
- 命令: DIVIDE 或简写 DIV。

项目拓展

本项目拓展将介绍图块的相关内容，同时介绍面域和布尔运算等方面的内容。

（一） 创建图块属性

在 AutoCAD 2008 中，块可以附带属性。属性类似于商品的标签，包含了图块所不能表达的一些文字信息，如材料、型号及制造者等。存储在属性中的信息一般称为属性值。当用 BLOCK 命令创建块时，将已定义的属性与图形一起生成块，这样块中就包含属性了。当然，用户也能只将属性本身创建成一个块。

属性有助于用户快速产生关于设计项目的信息报表，或者作为一些符号块的可变文字对象。其次，属性也常用来预定义文本位置、内容或提供文本默认值等，例如把标题栏中的一些文字项目定制成属性对象，就能方便地填写或修改。

在下面的练习中，将演示定义属性及使用属性的具体过程。

【步骤解析】

1. 打开文件 "6-2.dwg"。
2. 输入 ATTDEF 命令，打开【属性定义】对话框，如图 6-19 所示。在【属性】区域中输入以下内容如下。

【标记】:	姓名及号码
【提示】:	请输入您的姓名及电话号码
【值】:	李燕　2660732

3. 在【文字样式】下拉列表中选择"样式-1"（在项目七中将介绍文字样式），在【文字高度】文本框中输入数值"3"。单击　确定　按钮，AutoCAD 2008 提示"指定起点:"，在电话机的下边拾取 A 点，结果如图6-20所示。
4. 将属性与图形一起创建成图块。单击【绘图】工具栏上的 按钮，AutoCAD 2008 打开【块定义】对话框，如图6-21所示。

图6-19 【属性定义】对话框　　　图6-20 定义属性　　　图6-21 【块定义】对话框

5. 在【名称】栏中输入新建图块的名称"电话机"，在【对象】区域中选择【保留】单选项，如图6-21所示。
6. 单击【选择对象】按钮，AutoCAD 2008 返回绘图窗口，命令提示"选择对象"，选择电话机及属性。
7. 指定块的插入基点。单击【拾取点】按钮，AutoCAD 2008 返回绘图窗口，并提示"指定插入基点"，拾取点 B，如图6-20所示。
8. 单击　确定　按钮，AutoCAD 2008 生成图块。
9. 插入带属性的块。单击【绘图】工具栏上的 按钮，AutoCAD 2008 打开【插入】对话框，在【名称】下拉列表中选择"电话机"，如图6-22所示。
10. 单击　确定　按钮，AutoCAD 2008 提示如下。

```
　指定插入点或 [基点(B)/ 比例(S)/X/Y/Z/旋转(R)]:　　　　//在屏幕的适当位置
指定插入点
　请输入您的姓名及电话号码 <李燕　2660732>: 张涛　5895926　//输入属性值
```

结果如图 6-23 所示。

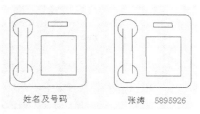

图6-22 【插入】对话框   图6-23 插入附带属性的图块

【知识链接】

命令启动方法如下。

- 菜单命令:【绘图】/【块】/【定义属性】。
- 命令: ATTDEF 或简写 ATT。

【属性定义】对话框（如图 6-19 所示）中的常用选项功能介绍如下。

- 【不可见】: 控制属性值在图形中的可见性。如果想使图中包含属性信息，但又不想使其在图形中显示出来，就选中这个选项。有一些文字信息，例如零部件的成本、产地和存放仓库等，常不必在图样中显示出来，因此可设定为不可见属性。
- 【固定】: 选中该选项，属性值将为常量。
- 【验证】: 设置是否对属性值进行校验。若选择此选项，则插入块并输入属性值后，AutoCAD 2008 将再次给出提示，让用户检验输入值是否正确。
- 【预置】: 该选项用于设定是否将实际属性值设置成默认值。若选中此选项，则插入块时，AutoCAD 2008 将不再提示用户输入新属性值，实际属性值等于【值】框中的默认值。
- 【对正】: 该下拉列表中包含了 10 多种属性文字的对齐方式，如调整、中心、中间、左、右等。这些选项功能与 DTEXT 命令对应选项功能相同。
- 【文字样式】: 从该下拉列表中选择文字样式。
- 【文字高度】: 用户可直接在文本框中输入属性文字高度，也可单击【文字高度】按钮切换到绘图窗口，在绘图区域中拾取两点以指定高度。
- 【旋转】: 用户可直接在文本框中输入属性文字的旋转角度，也可单击【旋转】按钮切换到绘图窗口，在绘图区域中拾取两点以指定旋转角度。

（二） 插入图块或外部文件

用户可以使用 INSERT 命令在当前图形中插入块或图形文件，无论块或被插入的图形多么复杂，系统都将它们看作一个单独的对象。如果用户需编辑其中的单个图形元素，就必须用 EXPLODE 命令分解图块或文件块。

命令启动方法如下。

- 菜单命令:【插入】/【块】。
- 工具栏:【绘图】工具栏上的 按钮。
- 命令: INSERT 或简写 I。

启动 INSERT 命令，打开【插入】对话框，如图 6-24 所示。通过此对话框，用户可以将图形文件中的图块插入图形中，也可将另一图形文件插入图形中。

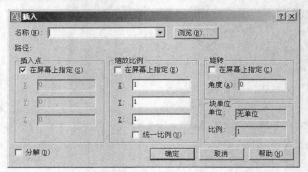

图6-24 【插入】对话框

当把一个图形文件插入到当前图形中时，被插入图样的图层、线型、图块及字体样式等也将加入到当前图形中。如果二者中有重名的对象，那么当前图中的定义优先于被插入的图样。

【插入】对话框中常用选项的功能介绍如下。

- 【名称】：该下拉列表罗列了图样中的所有图块，用户可以通过这个列表选择要插入的块。如果要将 ".dwg" 文件插入到当前图形中，可以单击 浏览(B)... 按钮选择要插入的文件。

- 【插入点】：确定图块的插入点。可直接在【X】、【Y】及【Z】文本框中输入插入点的绝对坐标值，或是选中【在屏幕上指定】复选框，然后在屏幕上指定。

- 【缩放比例】：确定块的缩放比例。可直接在【X】、【Y】及【Z】文本框中输入沿这 3 个方向的缩放比例因子，也可选中【在屏幕上指定】复选框，然后在屏幕上指定。块的缩放比例因子可正可负，若为负值，则插入的块将作镜像变换。

为了在使用中比较容易地确定块的缩放比例值，一般将符号块画在 1×1 的正方形中。

- 【统一比例】：该选项使块沿 X、Y 及 Z 方向的缩放比例相同。

- 【旋转】：指定插入块时的旋转角度。可在【角度】文本框中直接输入旋转角度值，或是通过【在屏幕上指定】复选框在屏幕上指定。

- 【分解】：若用户选择该选项，则系统在插入块的同时将分解块对象。

（三） 使用外部引用

当用户将其他图形以块的形式插入到当前图样中时，被插入的图形就成为当前图样的一部分。但用户可能并不想如此，而仅仅是想要把另一个图形作为当前图形的一个样例，或者想观察一下正在设计的模型与其他的相关模型是否匹配，此时就可通过外部引用（Xref）将其他图形文件放置到当前图形中。

Xref 使用户能方便地以引用的方式看到其他图样，被引用的图并不成为当前图样的一部分，当前图形中仅记录了外部引用文件的位置和名称。虽然如此，用户仍然可以控制被引用图形层的可见性，并能进行对象捕捉。

使用 Xref 获得其他图形文件比插入文件块有更多的优点。

由于外部引用的图形并不是当前图样的一部分，因而利用 Xref 组合的图样比通过文件块构成的图样要小。

(1) 每当系统装载图样时，都将加载最新的 Xref 版本。因此，若外部图形文件有所改动，则用户装入的引用图形也将跟随着变动。

(2) 利用外部引用将有利于多人共同完成一个设计项目。因为 Xref 使设计者之间可以方便地察看对方的设计图样，从而协调设计内容。另外，Xref 也使设计人员能同时使用相同的图形文件进行分工设计。例如，一个建筑设计小组的所有成员通过外部引用就能同时参照建筑物的平面图，然后分别开展电路和管道等方面的设计工作。

引用外部图形

命令启动方法如下。

- 菜单命令：【插入】/【DWG 参照】。
- 工具栏：【参照】工具栏上的 按钮。
- 命令：XATTACH 或简写 XA。

启动 XATTACH 命令，打开【选择参照文件】对话框，用户在此对话框中选择所需文件后，单击 打开(O) 按钮，弹出【外部参照】对话框，如图 6-25 所示。通过此对话框，用户可将外部文件插入到当前图形中。

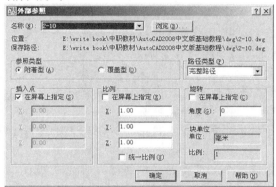

图6-25 【外部参照】对话框

该对话框中常用选项的功能如下。

- 【名称】：该下拉列表显示了当前图形中包含的外部参照文件名称。用户可在列表中直接选取文件，或是单击 浏览(B)... 按钮查找其他参照文件。
- 【附着型】：图形文件 A 嵌套了其他的 Xref，而这些文件是以【附着型】方式被引用的，则当新文件引用图形 A 时，用户不仅可以看到图形 A 本身，还能看到图形 A 中嵌套的 Xref。附着方式的 Xref 不能循环嵌套，即如果图形 A 引用了图形 B，而图形 B 又引用了图形 C，则图形 C 不能再引用图形 A。
- 【覆盖型】：图形 A 中有多层嵌套的 Xref，但它们均以"覆盖型"方式被引用，那么当其他图形引用 A 图时，就只能看到 A 图形本身，而其包含的任何 Xref 都不会显示出来。覆盖方式的 Xref 可以循环引用，这使设计人员可以灵活地查看其他任何图形文件，而无须为图形之间的嵌套关系担忧。
- 【插入点】：在该区域中指定外部参照文件的插入基点。可直接在【X】、【Y】及【Z】文本框中输入插入点坐标，或者选中【在屏幕上指定】复选框，然后在屏幕上指定。

- 【比例】：在该区域中指定外部参照文件的缩放比例。可直接在【X】、【Y】及
  【Z】文本框中输入沿这 3 个方向的比例因子，或者选中【在屏幕上指定】复
  选框，然后在屏幕上指定。
- 【旋转】：确定外部参照文件的旋转角度。可直接在【角度】文本框中输入角
  度值，或者选中【在屏幕上指定】复选框，然后在屏幕上指定。

🔑 更新外部引用

当被引用的图形做了修改后，AutoCAD 2008 并不能自动更新当前图样中的 Xref 图形，用户必须重新加载以更新它。

(1) 更新附着的外部参照的方法如下。

- 使用菜单命令，依次单击【插入】/【外部参照】。
- 在"外部参照"选项板中，选择要重载的参照名称，如图6-26所示。
- 单击鼠标右键，然后单击【重载】命令。

右键菜单选项的功能如下。

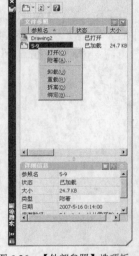

- 打开(E)：单击此按钮，再关闭【外部参照管理器】对
  话框，系统将在新建窗口中打开选定的外部参照文
  件。
- 附着(A)...：单击此按钮，系统弹出【选择参照文件】对
  话框，用户通过此对话框选择要插入的图形文件。
- 卸载(U)：暂时移走当前图形中的某个外部参照文件，
  但在列表框中仍保留该文件的路径。当希望再次使用
  此文件时，单击 重载(R) 按钮即可。
- 重载(R)：在不退出当前图形文件的情况下，更新外部
  引用文件。
- 拆离(D)：若要将某个外部参照文件去除，可先在列表
  框中选中该文件，然后单击此按钮。

图 6-26 【外部参照】选项板

- 绑定(B)...：通过此按钮将外部参照文件永久地插入当前
  图形中，使之成为当前文件的一部分。

(2) 将外部引用文件的内容转化为当前图形内容。

由于被引用的图形本身并不是当前图形的内容，因此引用图形的命名项目如图层、文本样式及尺寸标注样式等，以特有的格式表示出来。Xref 的命名项目表示形式为"Xref 名称|命名项目"，通过这种方式，系统将引用文件的命名项目与当前图形的命名项目区别开来。

用户可以把外部引用文件转化为当前图形的内容，转化后 Xref 就变为图样中的一个图块。另外，用户也能把引用图形的命名项目（如图层和文字样式等）转变为当前图形的一部分。通过这种方法，用户可以很容易地使所有图纸的图层和文字样式等命名项目保持一致。

在【外部参照】选项板（如图 6-26 所示）中，选择要转化的图形文件，然后单击鼠标右键，选择 绑定(B)... 选项，打开【绑定外部参照】对话框，如图6-27所示。

该对话框中有两个选项，它们的功能如下。

- 【绑定】：选择该单选项时，引用图形的所有命名项目的名称由"Xref 名称|命名项目"变为"Xref 名称N命名项目"，其中字母 N 是可自动增加的整数，

以避免与当前图样中的项目名称重复。

- 【插入】：选择这个单选项，类似于先拆离引用文件，然后再以块的形式插入外部文件。当合并外部图形后，命名项目的名称前不加任何前缀。例如，外部引用文件中有图层 WALL，当利用【插入】单选项转化外部图形时，如果当前图形中无 WALL 层，系统就创建 WALL 层，否则继续使用原来的 WALL 层。

在命令行上输入 XBIND 命令或单击【参照】工具栏上的 按钮，打开【外部参照绑定】对话框，如图 6-28 所示。在对话框左边的区域中选择要添加到当前图形中的项目，然后单击 添加(A) -> 按钮，把命名项加入到【绑定定义】列表框中，再单击 确定 按钮完成。

图6-27　【绑定外部参照】对话框　　　　　图6-28　【外部参照绑定】对话框

（四）　面域对象及布尔运算

域（REGION）是指二维的封闭图形，它可由线段、多段线、圆、圆弧及样条曲线等对象围成，但应保证相邻对象间共享连接的端点，否则将不能创建域。域是一个单独的实体，具有面积、周长及形心等几何特性。使用域绘图与传统的绘图方法是截然不同的，此时可采用"并"、"交"及"差"等布尔运算来构造不同形状的图形，图 6-29 显示了 3 种布尔运算的结果。

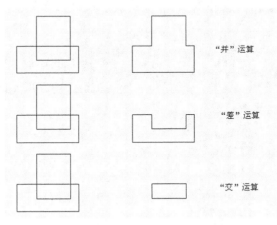

"并"运算

"差"运算

"交"运算

图6-29　布尔运算

创建面域

练习 REGION 命令。

【步骤解析】

打开文件"6-3.dwg"，如图 6-30 所示。下面用 REGION 命令将该图创建成面域。

单击【绘图】工具栏上的 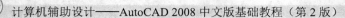 按钮或输入命令代号 REGION，启动创建面域命令。

命令：_region

选择对象：找到 7 个 //选择矩形及两个圆，如图6-30所示

选择对象： //按 Enter 键结束

图 6-30 中包含了 3 个闭合区域，因而 AutoCAD 创建 3 个面域。

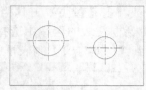

图6-30　创建面域

【知识链接】

命令启动方法如下。

- 菜单命令：【绘图】/【面域】。
- 工具栏：【绘图】工具栏上的 按钮。
- 命令：REGION 或简写 REG。

面域是以线框的形式显示出来的。用户可以对面域进行移动及复制等操作，还可用 EXPLODE 命令分解面域，使其还原为原始图形对象。

并运算

并运算将所有参与运算的面域合并为一个新面域。

【步骤解析】

打开文件 "6-4.dwg"，如图6-31左图所示。下面用 UNION 命令将左图修改为右图。

选取菜单命令【修改】/【实体编辑】/【并集】或输入命令代号 UNION，启动并运算命令。

命令：union

选择对象：找到 7 个 //选择 5 个面域，如图 6-31 左图所示

选择对象： //按 Enter 键结束

结果如图 6-31 右图所示。

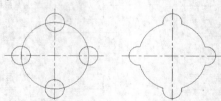

图6-31　执行并运算

【知识链接】

命令启动方法如下。

- 菜单命令：【修改】/【实体编辑】/【并集】。
- 工具栏：【实体编辑】工具栏上的 按钮。
- 命令：UNION 或简写 UNI。

差运算

用户可利用差运算从一个面域中去掉一个或多个面域，从而形成一个新面域。

【步骤解析】

打开文件"6-5.dwg"，如图6-32左图所示。下面用SUBTRACT命令将左图修改为右图。选取菜单命令【修改】/【实体编辑】/【差集】或输入命令代号 SUBTRACT，启动差运算命令。

命令: subtract	
选择对象: 找到 1 个	//选择大圆面域，如图 6-32 左图所示
选择对象:	//按 Enter 键
选择对象: 总计 4 个	//选择 4 个小圆面域
选择对象	//按 Enter 键结束

结果如图 6-32 右图所示。

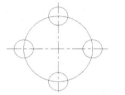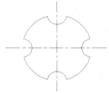

图6-32 执行差运算

【知识链接】

命令启动方法如下。

- 菜单命令: 【修改】/【实体编辑】/【差集】。
- 工具栏: 【实体编辑】工具栏上的 按钮。
- 命令: SUBTRACT 或简写 SU。

交运算

交运算可以求出各个相交面域的公共部分。

【步骤解析】

打开文件"6-6.dwg"，如图 6-33 左图所示。下面用 INTERSECT 命令将左图修改为右图。选取菜单命令【修改】/【实体编辑】/【交集】或输入命令代号 INTERSECT，启动交运算命令。

命令: intersect	
选择对象: 找到 2 个	//选择圆面域及矩形面域，如图 6-33 左图所示
选择对象:	//按 Enter 键结束

结果如图 6-33 右图所示。

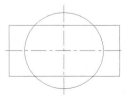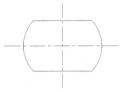

图6-33 执行交运算

【知识链接】

命令启动方法如下。

- 菜单命令：【修改】/【实体编辑】/【交集】。
- 工具栏：【实体编辑】工具栏上的 ⬤⬤ 按钮。
- 命令：INTERSECT 或简写 IN。

🗝 利用布尔运算绘图

面域造型的特点是通过面域对象的并、交或差运算来创建图形。当图形边界比较复杂时，这种绘图法的效率是很高的。如果用户采用这种方法绘图，首先必须对图形进行分析，以确定应生成哪些面域对象，然后考虑如何进行布尔运算形成最终的图形。

绘制出图 6-34 所示的图形。

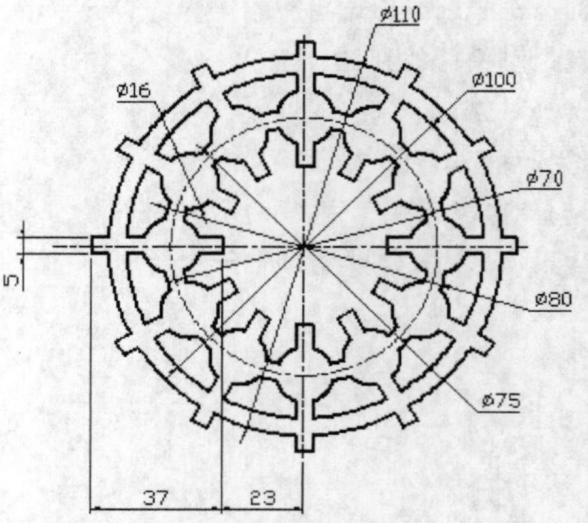

【步骤解析】

1. 绘制同心圆 A、B、C 和 D，如图 6-35 所示。

2. 将圆 A、B、C 和 D 创建成面域。

图6-34 面域造型

命令: _region	
选择对象:找到 4 个	//选择圆 A、B、C 和 D，如图 6-35 所示
选择对象:	//按 Enter 键结束

3. 用面域 B "减去" 面域 A，再用面域 D "减去" 面域 C。

命令: _subtract 选择要从中减去的实体或面域	
选择对象: 找到 1 个	//选择面域 B，如图 6-35 所示
选择对象:	//按 Enter 键
选择要减去的实体或面域...	
选择对象: 找到 1 个	//选择面域 A
选择对象:	//按 Enter 键结束
命令:	//重复命令
SUBTRACT 选择要从中减去的实体或面域...	
选择对象: 找到 1 个	//选择面域 D
选择对象:	//按 Enter 键
选择要减去的实体或面域...	
选择对象: 找到 1 个	//选择面域 C
选择对象	//按 Enter 键结束

4. 画圆 E 及矩形 F，如图 6-36 所示。

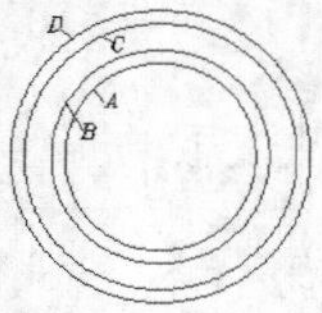

图6-35 画同心圆

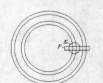

图6-36 画圆及矩形

5. 把圆 E 及矩形 F 创建成面域。

命令：_region
选择对象:找到 2 个   //选择圆 E 及矩形 F，如图 6-36 所示
选择对象: //按 Enter 键结束

6. 创建圆 E 及矩形 F 的环形阵列，如图 6-37 所示。
7. 对所有面域对象进行"并"运算。

命令：_union
选择对象：指定对角点：找到 26 个   //选择所有面域对象
选择对象：   //按 Enter 键结束

结果如图 6-38 所示。

图6-37 创建环形阵列

图6-38 执行并运算

（五） 列出对象的图形信息

使用 LIST 命令将使列表显示对象的图形信息，这些信息随对象类型的不同而不同。一般包括以下内容。

(1) 对象类型、图层及颜色。
(2) 对象的一些几何特性，如线段的长度、端点坐标、圆心位置、半径大小、圆的面积及周长等。

【步骤解析】

1. 打开文件 "6-8.dwg"，如图 6-39 所示。下面用 LIST 命令列出对象的图形信息。
2. 启动 LIST 命令，AutoCAD 2008 提示如下。

命令：list
选择对象：找到 1 个   //选择圆，如图 6-39 所示
选择对象：   //按 Enter 键结束，系统打开【文本窗口】
    CIRCLE 图层：0
            空间：模型空间
            句柄 = 14e
            圆心 点，X= 45.8748 Y= 31.2784 Z=   0.0000
            半径 6.1251
            周长 38.4854
            面积117.8642

图6-39 列表显示对象的图形信息

用户可以将复杂的图形创建成面域，然后用 LIST 命令查询面积及周长等。

（六） 测量距离、面积及周长

本操作介绍测量距离、面积及周长的方法。

🔑 测量距离

DIST 命令可测量两点之间的距离，同时，还可以计算出与两点连线相关的某些角度。

【步骤解析】

1. 打开文件 "6-9.dwg"，如图 6-40 所示。
2. 启动 DIST 命令，AutoCAD 2008 提示如下。

```
命令: '_dist 指定第一点: end 于          //捕捉端点 A，如图 6-40 所示
指定第二点: end 于                        //捕捉端点 B
距离 = 206.9383，XY 平面中的倾角 = 106，   与 XY 平面的夹角 = 0
X 增量 = -57.4979，   Y 增量 = 198.7900，    Z 增量 = 0.0000
```

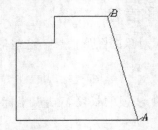

图6-40 测量距离

【知识链接】

(1) 命令启动方法如下。

- 菜单命令：【工具】/【查询】/【距离】。
- 工具栏：【查询】工具栏上的 ▦ 按钮。
- 命令：DIST 或简写 DI。

(2) DIST 命令显示的测量值具有如下意义。

- 距离：两点间的距离。
- XY 平面中的倾角：两点连线在 XY 平面上的投影与 X 轴间的夹角。
- 与 XY 平面的夹角：两点连线与 XY 平面间的夹角。
- X 增量：两点的 x 坐标差值。
- Y 增量：两点的 y 坐标差值。
- Z 增量：两点的 z 坐标差值。

使用 DIST 命令时，两点的选择顺序不影响距离值，但影响该命令的其他测量值。

🔑 计算图形面积和周长

使用 AREA 命令可以计算出圆、面域、多边形或一个指定区域的面积及周长，还可以进行面积的加、减运算。

【步骤解析】

打开文件 "6-10.dwg"。启动 AREA 命令，AutoCAD 2008 提示如下。

```
命令: _area
指定第一个角点或 [对象(O)/加(A)/减(S)]:          //捕捉交点 A，如图 6-41 所示
指定下一个点或按 ENTER 键全选:                   //捕捉交点 B
指定下一个点或按 ENTER 键全选:                   //捕捉交点 C
指定下一个点或按 ENTER 键全选:                   //捕捉交点 D
指定下一个点或按 ENTER 键全选:                   //捕捉交点 E
指定下一个点或按 ENTER 键全选:                   //捕捉交点 F
指定下一个点或按 ENTER 键全选:                   //按 Enter 键结束
面积 = 553.7844，周长 = 112.1768
命令:                                           //重复命令
AREA
指定第一个角点或 [对象(O)/加(A)/减(S)]:          //捕捉端点 G
指定下一个点或按 ENTER 键全选:                   //捕捉端点 H
指定下一个点或按 ENTER 键全选:                   //捕捉端点 I
指定下一个点或按 ENTER 键全选:                   //按 Enter 键结束
面积 = 198.7993，周长 = 67.4387
```

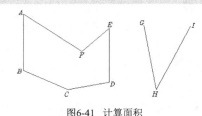

图6-41 计算面积

【知识链接】

(1) 命令启动方法如下。

- 菜单命令:【工具】/【查询】/【面积】。
- 工具栏:【查询】工具栏上的 ▇ 按钮。
- 命令: AREA 或简写 AA。

(2) 命令选项介绍如下。

- 对象(O): 求出所选对象的面积，有以下几种情况。

  用户选择的对象是圆、椭圆、面域、正多边形和矩形等闭合图形。

  对于非封闭的多段线及样条曲线，系统将假定有一条连线使其闭合，然后计算出闭合区域的面积，而所计算出的周长却是多段线或样条曲线的实际长度。

- 加(A): 进入 "加" 模式。该选项使用户可以将新测量的面积加入总面积中。
- 减(S): 利用此选项可使系统把新测量的面积从总面积中扣除。

说明

用户可以将复杂的图形创建成面域，然后利用"对象(O)"选项查询面积和周长。

实训一　创建圆点、实心矩形及多段线

要求：用 PLINE、DONUT、SOLID、ARRAY 等命令，绘制如图 6-42 所示的图形。

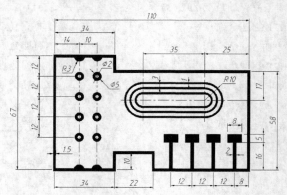

图6-42　用 PLINE、DONUT、SOLID 等命令画图

1. 创建两个图层。

名称	颜色	线型	线宽
轮廓线层	白色	Continuous	0.5
中心线层	红色	Center	默认

2. 通过【线型控制】下拉列表打开【线型管理器】对话框，在此对话框中设定线型全局比例因子为 0.2。

3. 打开极轴追踪、对象捕捉及自动追踪功能。设定对象捕捉方式为"端点"、"交点"及"圆心"。

4. 设定绘图区域大小为 150×150，单击【标准】工具栏上的 🔍 按钮，使绘图区域充满整个图形窗口显示出来。

5. 切换到轮廓线层，用 PLINE 命令画多段线 A，用 DONUT 命令画圆环及圆点，如图 6-43 左图所示。

6. 创建圆环 B 的矩形阵列，并修剪圆点，结果如图 6-43 右图所示。

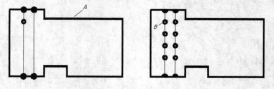

图6-43　绘制多段线及圆环

7. 绘制多段线 C 及多边形 D，创建它们的矩形阵列，如图 6-44 所示。

8. 绘制多段线 E，然后将其向内偏移，如图 6-45 所示。

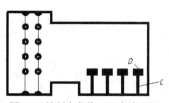

图6-44　绘制多段线 *C* 及多边形 *D*

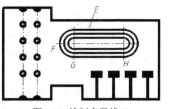

图6-45　绘制多段线 *E*

9. 画定位线 *F*、*G* 及 *H*，再将定位线修改到中心线层上，如图 6-45 所示。

　　要求：用 SOLID、DONUT、ARRAY 等命令，绘制如图 6-46 所示的图形。

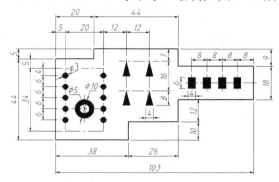

图6-46　用 SOLID、DONUT、ARRAY 等命令绘图

主要作图步骤，如图 6-47 所示。

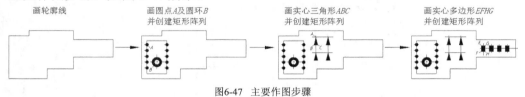

图6-47　主要作图步骤

实训二　利用面域造型法绘图

要求：利用面域造型法绘制图6-48所示的图形。

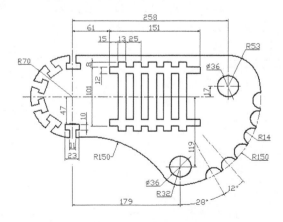

图6-48　面域造型

1. 创建两个图层。

名称	颜色	线型	线宽
轮廓线层	白色	Continuous	0.5
中心线层	红色	Center	默认

2. 设定绘图区域大小为 450×450，并使该区域充满整个图形窗口显示出来。

3. 打开极轴追踪、对象捕捉及自动追踪功能。设定对象捕捉方式为"端点"、"交点"。

4. 绘制两条相互垂直的定位线 X、Y，然后画出线框 L，如图 6-49 所示。

5. 用 LINE 命令画线框 A，再绘制圆 B、C、D，然后将线框 A、E 及圆 C 创建成面域，如图 6-50 所示。

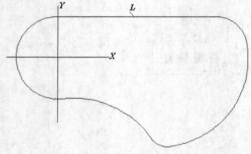

图6-49 画线框 L

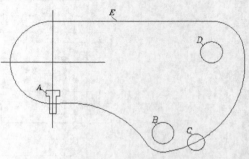

图6-50 创建面域

6. 将面域 A 及 C 进行环形阵列，如图6-51所示。

7. 用面域 E 减去面域 A、C 等，结果如图6-52所示。

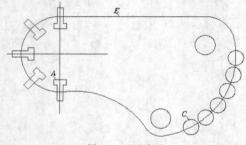

图6-51 环形阵列

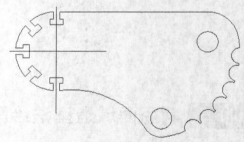

图6-52 "差"运算

8. 绘制矩形 D、E、F，并将它们创建成面域，如图 6-53 所示。

9. 将面域 D 沿水平方向阵列，如图 6-54 所示。

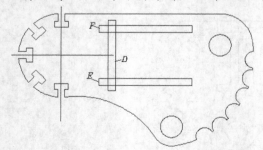

图6-53 画矩形并创建面域

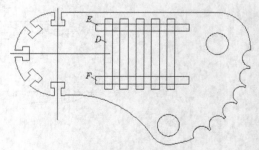

图6-54 矩形阵列

10. 对所有的矩形面域 E、F、D 等进行"并"运算，结果如图6-55所示。

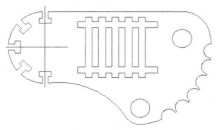

图6-55 "并"运算

 项目小结

本项目主要内容总结如下。

- 用 MLINE 命令创建连续的多线，生成的对象都是单独的图形对象，但可用 EXPLODE 命令将其分解。
- 用 DONUT 命令创建填充圆环。
- 用 SKETCH 命令徒手画线。
- 用 BLOCK 命令创建图块。块是将一组实体放置在一起形成的单一对象，把重复出现的图形创建成块可使设计人员大大提高工作效率。
- 用 ATTDEF 命令创建属性。属性是附加到图块中的文字信息，在定义属性时，用户需要输入属性标签、提示信息及属性的默认值。属性定义完成后，将它与有关图形放置在一起创建成图块，这样就创建了带有属性的块。
- 面域造型法与传统绘图法不一样，它通过域的布尔运算来造型。此方法在实际绘图过程中并不常用。一般当图形形状很不规则且边界曲线较复杂时，才采用这种方式构造图形。

 思考与练习

1. 用 MLINE、PLINE、DONUT 等命令绘制图 6-56 所示的图形。
2. 利用面域造型法绘制图 6-57 所示的图形。

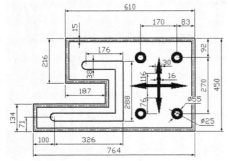

图6-56 练习 PLINE、MLINE 等命令

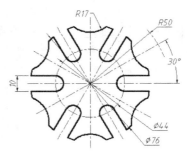

图6-57 面域造型

3. 打开文件"xt-3.dwg"，如图6-58 所示，试计算该图形的面积和周长。

4. 打开文件"xt-4.dwg"，如图6-59 所示，试计算图形面积及外轮廓线周长。

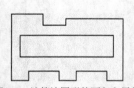
图6-58 计算该图形的面积和周长

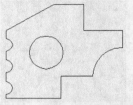
图6-59 计算该图形的面积和周长

5. 下面这个练习的内容包括创建块、插入块和外部引用。

(1) 打开文件"xt-5-1.dwg"，如图 6-60 所示。将图形定义为图块，块名为"Block"，插入点在 A 点。

(2) 在当前文件中引用外部文件"xt-5-2.dwg"，然后插入"Block"块，结果如图 6-61 所示。

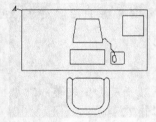
图6-60 创建图块

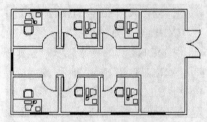
图6-61 插入图块

6. 下面这个练习的内容包括引用外部图形、修改及保存图形和重新加载图形。

(1) 打开文件"xt-6-1.dwg"、"xt-6-2.dwg"。

(2) 激活"xt-6-1.dwg"文件，用 XATTACH 命令插入"xt-6-2.dwg"文件，再用 MOVE 命令移动图形，使两个图形"装配"在一起，如图6-62 所示。

(3) 激活"xt-6-2.dwg"文件，如图 6-63 左图所示。用 STRETCH 命令调整上、下两孔的位置，使两孔间距离增加 40，如图6-63 右图所示。

(4) 保存"xt-6-2.dwg"文件。

(5) 激活"xt-6-1.dwg"文件，用 XREF 命令重新加载"xt-6-2.dwg"文件，结果如图6-64 所示。

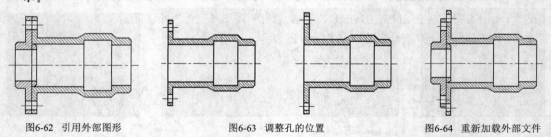
图6-62 引用外部图形　　　　图6-63 调整孔的位置　　　　图6-64 重新加载外部文件

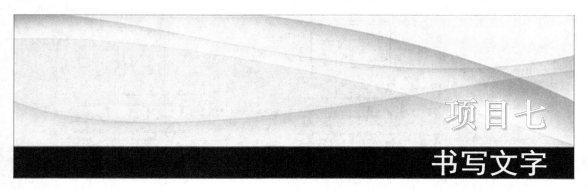

本项目的任务是用 STYLE、DTEXT、MTEXT 等命令，为图7-1所示的图形添加文字。首先创建文字样式，然后书写文字。

用 STYLE、DTEXT、MTEXT 等命令，书写文字。

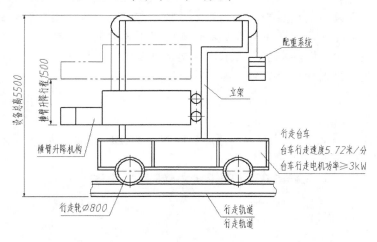

图7-1 书写文字

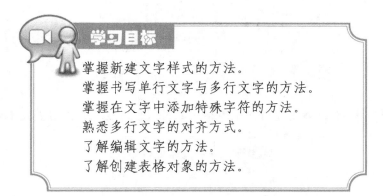

学习目标

掌握新建文字样式的方法。
掌握书写单行文字与多行文字的方法。
掌握在文字中添加特殊字符的方法。
熟悉多行文字的对齐方式。
了解编辑文字的方法。
了解创建表格对象的方法。

任务一 创建文字样式及单行文字

创建文字样式，然后书写单行文字并在单行文字中添加特殊字符，具体绘图过程，如图 7-2 所示。

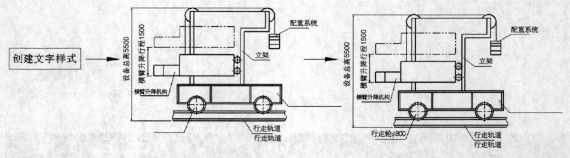

图7-2　绘图过程

（一）　新建文字样式

文字样式主要是控制与文本连接的字体、字符宽度、文字倾斜角度及高度等项目。另外，用户还可通过它设计出相反的、颠倒的以及竖直方向的文本。用户可以针对不同风格的文字创建对应的文字样式，这样在输入文本时就可以用相应的文字样式来控制文本的外观，如建立专门用于控制尺寸标注文字和技术说明文字外观的文本样式。

下面介绍创建符合国标规定的文字样式的方法。

【步骤解析】

1. 打开文件"7-1.dwg"。
2. 选择菜单命令【格式】/【文字样式】，或输入 STYLE 命令，打开【文字样式】对话框，如图7-3 所示。

图7-3　【文字样式】对话框

3. 单击 新建(N)... 按钮，弹出【新建文字样式】对话框，在【样式名】文本框中输入文字样式的名称"工程文字"，如图7-4 所示。

图7-4　【新建文字样式】对话框

4. 单击 确定 按钮，返回【文字样式】对话框，在【字体】下拉列表中选择"gbeitc.shx"选项。再选择【使用大字体】复选项，然后在【大字体】下拉列表中选择"gbcbig.shx"选项，如图7-3 所示。

5. 单击 应用(A) 按钮，然后单击 置为当前(C) 按钮，使新创建的文字样式成为当前样式，退出【文字样式】对话框。

【知识链接】

【文字样式】对话框中的常用选项功能如下。

- 新建(N)... 按钮：单击此按钮，就可以创建新文字样式。

- 删除(D) 按钮：在【样式】列表框中选择一个文字样式，再单击此按钮将删除它。当前样式以及正在使用的文字样式不能被删除。

- 【字体】：在此下拉列表中列出了所有字体的清单。带有双"T"标志的字体是 Windows 系统提供的"TrueType"字体，其他字体是 AutoCAD 自己的字体（*.shx），其中"gbenor.shx"和"gbeitc.shx"（斜体西文）字体是符合国标的工程字体。

- 【使用大字体】复选框：大字体是指专为亚洲国家设计的文字字体。其中，"gbcbig.shx"字体是符合国标的工程汉字字体，该字体文件还包含一些常用的特殊符号。由于"gbcbig.shx"中不包含西文字体定义，因而使用时可将其与"gbenor.shx"和"gbeitc.shx"字体配合使用。

- 【高度】：输入字体的高度。如果用户在该文本框中指定了文字高度，则当使用 DTEXT（单行文字）命令时，AutoCAD 命令行将不提示"指定高度"。

- 【颠倒】：选择此复选项，文字将上下颠倒显示，该选项仅影响单行文字，如图 7-5 所示。

关闭【颠倒】选项   打开【颠倒】选项

图7-5 关闭或打开【颠倒】选项

- 【反向】：选择此复选项，文字将首尾反向显示，该选项仅影响单行文字，如图 7-6 所示。

关闭【反向】选项   打开【反向】选项

图7-6 关闭或打开【反向】选项

- 【垂直】：选择此复选项，文字将沿竖直方向排列，如图7-7所示。

关闭【垂直】选项   打开【垂直】选项

图7-7 关闭或打开【垂直】选项

- 【宽度因子】：默认的宽度因子为 1。若输入小于 1 的数值，则文字将变窄，否则，文字变宽，如图7-8所示。

宽度比例因子为1.0   宽度比例因子为0.7

图7-8 调整宽度比例因子

- 【倾斜角度】：该选项指定文字的倾斜角度。角度值为正时向右倾斜，为负时向左倾斜，如图7-9所示。

AutoCAD 2008 *AutoCAD 2008*

倾斜角度为30°　　　　　　　　　　倾斜角度为-30°

图7-9　设置文字倾斜角度

（二）　书写单行文字

用 DTEXT 命令可以非常灵活地创建文字项目。发出此命令后，用户不仅可以设定文本的对齐方式及文字的倾斜角度，而且还能用十字光标在不同的地方选取点，以定位文本的位置，该特性使用户只发出一次命令就能在图形的任何区域放置文本。另外，DTEXT 命令还提供了屏幕预演的功能，即在输入文字的同时该文字也将在屏幕上显示出来，这样用户就能很容易地发现文本输入的错误，以便及时修改。

【步骤解析】

切换到文字层，选择菜单命令【绘图】/【文字】/【单行文字】，或输入命令 DTEXT，启动创建单行文字命令。

```
命令: dtext
指定文字的起点或 [对正(J)/样式(S)]:          //单击 A 点，如图 7-10 所示
指定高度 <3.0000>: 5                        //输入文字高度
指定文字的旋转角度 <0>:                      //按 Enter 键
横臂升降机构                                 //输入文字
配重系统                                     //在 B 点处单击一点，并输入文字
立架                                         //在 C 点处单击一点，并输入文字
行走轨道                                     //在 D 点处单击一点，输入文字并按 Enter 键
行走轨道                                     //输入文字并按 Enter 键
                                            //按 Enter 键结束

命令:DTEXT                                   //重复命令
指定文字的起点或 [对正(J)/样式(S)]://单击 E 点
指定高度 <5.0000>:                           //按 Enter 键
指定文字的旋转角度 <0>: 90                   //输入文字旋转角度
设备总高 5500                                //输入文字
横臂升降行程 1500                            //在 F 点处单击一点，输入文字并按 Enter 键
                                            //按 Enter 键结束
```

结果如图 7-10 所示。

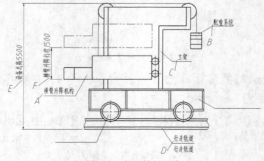

图7-10　书写单行文字

如果发现图形中的文本没有正确地显示出来，多数情况是由于文字样式所连接的字体不合适造成的。

【知识链接】

(1) 命令启动方法如下。

- 菜单命令：【绘图】/【文字】/【单行文字】。
- 命令：DTEXT 或 DT。

(2) 命令选项介绍如下。

- 对正(J)：设定文字的对齐方式。
- 样式(S)：指定当前文字样式。

用 DTEXT 命令可连续输入多行文字，每行按 Enter 键结束，但用户不能控制各行的间距。DTEXT 命令的优点是文字对象的每一行都是一个单独的实体，因而对每行进行重新定位或编辑都很容易。

（三） 在单行文字中加入特殊字符

工程图中用到的许多符号都不能通过标准键盘直接输入，如文字的下划线、直径代号等。当用户利用 DTEXT 命令创建文字注释时，必须输入特殊的代码来产生特定的字符，这些代码及对应的特殊符号，如表 7-1 所示。

表 7-1 特殊字符的代码

代码	字符
%%o	文字的上划线
%%u	文字的下划线
%%d	角度的度符号
%%p	表示"±"
%%c	直径代号

使用表中代码，生成特殊字符的样例，如图 7-11 所示。

添加%%u特殊%%u字符　　　　添加特殊字符

%%c100　　　　　　　　　　φ100

%%p0.010　　　　　　　　　±0.010

图7-11 创建特殊字符

【步骤解析】

选择菜单命令【绘图】/【文字】/【单行文字】，启动创建单行文字命令。

```
命令：dtext
指定文字的起点或 [对正(J)/样式(S)]:    //单击 A 点，如图 7-12 所示
指定高度 <5.0000>:                   //按 Enter 键
指定文字的旋转角度 <0>:               //按 Enter 键
行走轮%%c800                         //输入文字并按 Enter 键
                                     //按 Enter 键结束
```

结果如图 7-12 所示。

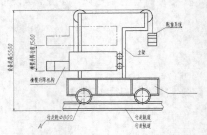

图7-12 在单行文字中输入特殊字符

任务二 添加多行文字及特殊字符

输入多行文字,然后在多行文字中添加特殊字符,绘图过程,如图 7-13 所示。

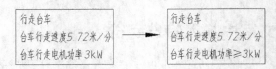

图7-13 绘图过程

(一) 书写多行文字

MTEXT 命令可以创建复杂的文字说明。用 MTEXT 命令生成的文字段落称为多行文字,它可以由任意数目的文字行组成,所有的文字构成一个单独的实体。使用 MTEXT 命令时,用户可以指定文本分布的宽度,但文字沿竖直方向可无限延伸。另外,用户还能设置多行文字中单个字符或某一部分文字的属性(包括文本的字体、倾斜角度和高度等)。

【步骤解析】

1. 单击【绘图】工具栏上的 **A** 按钮,或输入 MTEXT 命令,AutoCAD 命令行提示如下。

指定第一角点: //在 A 点处单击一点,如图 7-14 所示
指定对角点: //在 B 点处单击一点

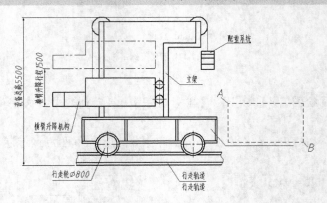

图7-14 指定多行文字边界

2. AutoCAD 打开【多行文字编辑器】对话框,在【字体高度】文本框中输入数值"5",

然后输入文字，如图7-15所示。

图7-15 输入多行文字

启动 MTEXT 命令并建立文本边框后，系统弹出【文字格式】工具栏及顶部带标尺的文字输入框，这两部分组成了【多行文字编辑器】对话框，如图7-16所示。利用此编辑器可方便地创建文字，并设置文字样式、对齐方式、字体及字高等属性。

图7-16 文字编辑器

【知识链接】

命令启动方法如下。

- 菜单命令:【绘图】/【文字】/【多行文字】。
- 工具栏:【绘图】工具栏上的 **A** 按钮。
- 命令: MTEXT 或简写 MT。

下面对【多行文字编辑器】对话框的主要功能作出说明。

🔑 【文字格式】工具栏

- 【样式】下拉列表: 设置多行文字的文字样式。若将一个新样式与现有多行文字相联，将不会影响文字的某些特殊格式，如粗体、斜体和堆叠等。
- 【字体】下拉列表: 从这个列表中选择需要的字体。多行文字对象中可以包含不同字体的字符。
- 【字体高度】文本框: 用户从这个下拉列表中选择或输入文字高度。多行文字对象中可以包含不同高度的字符。
- **B** 按钮: 如果所用字体支持粗体，就可以通过此按钮将文本修改为粗体形式，按下按钮为打开状态。
- **I** 按钮: 如果所用字体支持斜体，就可以通过此按钮将文本修改为斜体形式，按下按钮为打开状态。
- **U** 按钮: 可利用此按钮将文字修改为下划线形式。
- 按钮: 单击此按钮就能使可层叠的文字堆叠起来，如图7-17所示，这对创建分数及公差形式的文字很有用。系统通过特殊字符 "/"、"^" 及 "#" 表明多行文字是可层叠的。输入层叠文字的方式为 "左边文字+特殊字符+右边文字"，堆叠后左边文字被放在右边文字的上面。

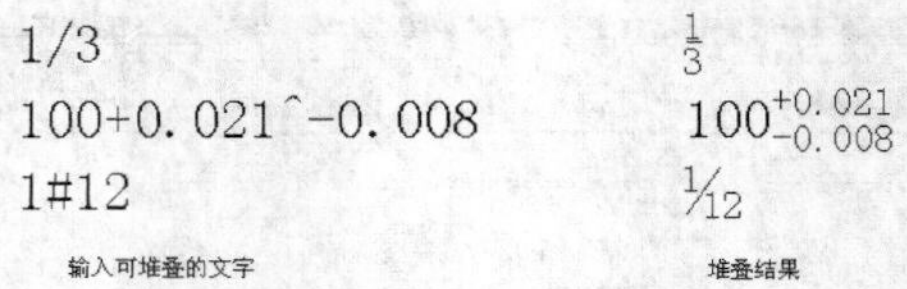

$$1/3 \qquad \frac{1}{3}$$
$$100+0.021\char94-0.008 \qquad 100^{+0.021}_{-0.008}$$
$$1\#12 \qquad \frac{1}{12}$$

输入可堆叠的文字 　　　　堆叠结果

图7-17　堆叠文字

> 通过堆叠文字的方法也可创建文字的上标或下标，输入方式为"上标^"、"^下标"。例如，输入"53^"，选中"3^"，单击 按钮，结果为"5^3"。

- 【文字颜色】下拉列表：为输入的文字设定颜色或修改已选定文字的颜色。
- 按钮：打开或关闭文字输入框上部的标尺。
- 、 及 按钮：设定文字的对齐方式，3 个按钮的功能分别为左对齐、居中对齐和右对齐。
- 按钮：设定段落文字行间距。
- 按钮：给段落文字添加数字编号、项目符号或大写字母形式的编号。
- 按钮：给选定的文字添加上划线。
- @按钮：单击此按钮，弹出菜单，该菜单包含了许多常用符号。
- 【倾斜角度】文本框：设定文字的倾斜角度。
- 【追踪】文本框：控制字符间的距离。若输入大于 1 的值，将增大字符间距；否则，将缩小字符间距。
- 【宽度比例】文本框：设定文字的宽度因子。若输入小于 1 的数值，文本将变窄；若输入大于 1 的数值，文本将变宽。

文字输入框

(1) 标尺：设置首行文字及段落文字的缩进，还可设置制表位，操作方法如下。
- 拖动标尺上第一行的缩进滑块可改变所选段落第一行的缩进位置。
- 拖动标尺上第二行的缩进滑块可改变所选段落其余行的缩进位置。
- 标尺上显示了默认的制表位，如图 7-16 所示。如果要设置新的制表位，可用鼠标光标单击标尺；如果要删除创建的制表位，可用鼠标光标按住制表位，将其拖出标尺。

(2) 快捷菜单：在文本输入框中单击鼠标右键，弹出快捷菜单，该菜单中包含了一些标准编辑选项和多行文字特有的命令，如图 7-18 所示（只显示了部分选项）。

【符号】：该命令包含以下常用子命令。
- 【度数】：在鼠标光标定位处插入特殊字符"%%d"，它表示度数符号"°"。
- 【正/负】：在鼠标光标定位处插入特殊字符"%%p"，它表示加、减符号"±"。
- 【直径】：在鼠标光标定位处插入特殊字符"%%c"，它表示直径符号"φ"。
- 【几乎相等】：在鼠标光标定位处插入符号"≈"。
- 【下标 2】：在鼠标光标定位处插入下标"2"。
- 【平方】：在鼠标光标定位处插入上标"2"。
- 【立方】：在鼠标光标定位处插入上标"3"。

- 【其他】：选择该命令，系统打开【字符映射表】对话框。在此对话框的【字体】下拉列表中选取字体，则对话框显示所选字体包含的各种字符，如图7-19 所示。若要插入一个字符，请选择它并单击 选定(S) 按钮，此时 AutoCAD 2008 将选取的字符放在【复制字符】文本框中，按这种方法选取所有要插入的字符，然后单击 复制(C) 按钮。关闭【字符映射表】对话框。返回【多行文字编辑器】对话框，在要插入字符的地方单击鼠标左键，再单击鼠标右键，弹出快捷菜单，从菜单中选择【粘贴】命令，这样就将字符插入多行文字中了。

图7-18 文字输入框右键快捷菜单

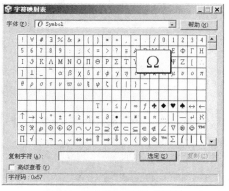

图7-19 【字符映射表】对话框

【段落对齐】：设置多行文字的对齐方式。

【段落】：设定制表位和缩进，控制段落对齐方式、段落间距和行间距。

【项目符号和列表】：给段落文字添加编号和项目符号。

（二） 添加特殊字符

以下过程演示了如何在多行文字中加入特殊字符。

【步骤解析】

1. 单击 @ 按钮，在弹出的菜单中选择【其他】选项，弹出【字符映射表】对话框，如图 7-20 所示。

图7-20 选择字符"≥"

2. 在对话框的【字体】下拉列表中选择 "Symbol" 字体，然后选取需要的字符 "≥"，如图7-20 所示。

3. 单击 选择(S) 按钮，再单击 复制(C) 按钮。

4. 返回【文字编辑器】，在需要插入符号 "≥" 的地方单击鼠标左键，然后单击鼠标右键，弹出快捷菜单，选择【粘贴】选项，结果如图 7-21 所示。

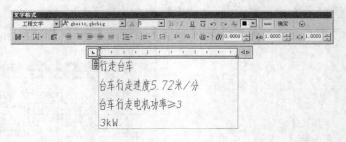

图7-21 插入 "≥" 符号

粘贴 "≥" 符号后，AutoCAD 2008 将自动回车确认。

5. 把符号 "≥" 的高度修改为 "5"，再将光标放置在此符号的后面，按 Delete 键，结果如图7-22 所示。

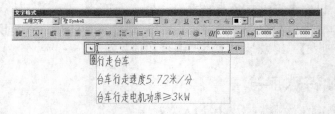

图7-22 修改文字高度及调整文字位置

6. 单击 确定 按钮完成。

项目拓展

以下介绍单行文字的对齐方式、编辑文字及创建表格对象。

（一） 单行文字的对齐方式

发出 DTEXT 命令后，AutoCAD 命令行提示用户输入文字的插入点，此点与实际字符的位置关系由对齐方式 "对正(J)" 决定。对于单行文字，AutoCAD 提供了 10 多种对正选项。默认情况下，文字是左对齐的，即指定的插入点是文字的左基线点，如图 7-23 所示。

左基线点 文字的对齐方式

图7-23 左对齐方式

如果要改变单行文字的对齐方式，就选择 "对正(J)" 选项，在 "指定文字的起点或[对正(J)/样式(S)]"提示下,输入"j",则 AutoCAD 命令行提示如下。

[对齐 (A) / 调整 (F) / 中心 (C) / 中间 (M) / 右 (R) / 左上 (TL) / 中上 (TC) / 右上 (TR) / 左中 (ML) / 正中 (MC) / 右中 (MR) / 左下 (BL) / 中下 (BC) / 右下 (BR)]:

下面将详细介绍以上选项。

- 对齐(A): 使用这个选项时,系统提示指定文本分布的起始点和结束点。当用户选定两点并输入文本后,系统把文字压缩或扩展使其充满指定的宽度范围,而文字的高度则按适当比例进行变化以使文本不致于被扭曲。

- 调整(F): 与选项"对齐(A)"相比,利用此选项时,系统增加了"指定高度:"提示。"调整(F)"也将压缩或扩展文字使其充满指定的宽度范围,但保持文字的高度值等于指定的数值。

分别选择"对齐(A)"和"调整(F)"选项在矩形框中填写文字,结果如图 7-24 所示。

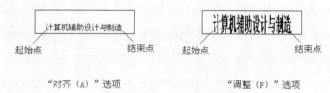

图7-24 选择"对齐(A)"及"调整(F)"选项

- 居中(C)/中间(M)/右对齐(R)/左上(TL)/中上(TC)/右上(TR)/左中(ML)/正中(MC)/右中(MR)/左下(BL)/中下(BC)/右下(BR): 通过这些选项设置文字的插入点,各插入点位置如图7-25 所示。

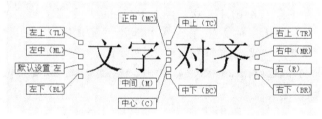

图7-25 设置插入点

(二) 编辑文字

编辑文字的常用方法有以下两种。

- 使用 DDEDIT 命令编辑单行或多行文字。选择的对象不同,系统将打开不同的对话框。对于单行文字,系统显示文本编辑框;对于多行文字,系统则打开【多行文字编辑器】对话框。用 DDEDIT 命令编辑文本的优点是,此命令连续地提示用户选择要编辑的对象。因而用户只要发出 DDEDIT 命令,就能一次修改许多文字对象。

单击【文字】工具栏上的 ⚠ 按钮,即可启动 DDEDIT 命令。

- 用 PROPERTIES 命令修改文本。选择要修改的文字后,再单击【标准】工具栏上的 按钮,启动 PROPERTIES 命令。打开【特性】对话框,在该对话框中,用户不仅能修改文本的内容,还能编辑文本的其他许多属性,如倾斜角度、对齐方式、高度和文字样式等。

打开文件"7-2.dwg"，如图 7-26 左图所示。下面用 DDEDIT、PROPERTIES 等命令将左图修改为右图所示样式。

图7-26　编辑文字

1. 编辑文字内容。

(1) 双击第一行文字，启动 DDEDIT 命令，AutoCAD 显示文本编辑框，在此框中输入文字"变速器箱体零件图"。

(2) 按 Enter 键，AutoCAD 命令行提示"选择注释对象"，选择第二行文字，AutoCAD 弹出【多行文字编辑器】，如图 7-27 所示，选中文字"未注"，将其修改为"所有"。

图7-27　修改多行文字内容

(3) 单击 确定 按钮完成。

2. 改变多行文字的字体及字高。

(1) 双击第二行文字，启动 DDEDIT 命令，AutoCAD 打开【多行文字编辑器】。选中文字"技术要求"，然后在【字体】下拉列表中选择"黑体"，再在【字体高度】文本框中输入数值"4"，按 Enter 键，结果如图 7-28 所示。

图7-28　修改字体及字高

(2) 单击 确定 按钮完成。

3. 为文字指定新的文字样式。

(1) 创建新文字样式，新样式名称为"工程文字"，与其相连的字体文件是"gbeitc.shx"和"gbcbig.shx"。

(2) 选择所有文字，单击鼠标右键，选择【特性】选项，打开【特性】选项板，在此选项板上边的下拉列表中选择"文字（1）"，再在【样式】栏中选择"工程文字"，如图 7-29 所示。

(3) 在【特性】对话框上边的下拉列表中选择"多行文字（1）"，然后在【样式】栏中选择"工程文字"，结果如图 7-26 右图所示。

图 7-29　指定单行文字的新文字样式

建立多行文字时，如果在文字中连接了多个字体文件，那么当把段落文字的文字样式修改为其他样式时，只有一部分文本的字体发生变化，而其他文本的字体保持不变，前者在创建时使用了旧样式中指定的字体。

（三） 创建表格对象

在 AutoCAD 2008 中，用户可以生成表格对象。创建该对象时，系统首先生成一个空白表格，用户可在该表格中填入文字信息。表格的宽度、高度及表中文字可以很方便地被修改，还可以按行、列方式删除表格单元或合并表中相邻的单元。

表格样式

表格对象的外观由表格样式控制。默认情况下，表格样式是"Standard"，但用户可以根据需要创建新的表格样式。"Standard"表格的外观如图7-30所示，第一行是标题行，第二行是表头行，其他行是数据行。

在表格样式中，用户可以设定表格单元文字的文字样式、字高、对齐方式及表格单元的填充颜色，还可以设定单元边框的线宽和颜色，以及控制是否将边框显示出来。

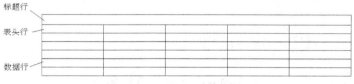

图7-30 "Standard"表格的外观

【步骤解析】

1. 创建新文字样式，新样式名称为"工程文字"，与其相连的字体文件是"gbeitc.shx"和"gbcbig.shx"。
2. 单击菜单命令【格式】/【表格样式】，打开【表格样式】对话框，如图7-31所示。利用该对话框，用户就可以新建、修改及删除表格样式了。
3. 单击 新建(N) 按钮，弹出【创建新的表格样式】对话框。在【基础样式】下拉列表中选择新样式的原始样式"Standard"，该原始样式为新样式提供默认设置。在【新样式名】文本框中输入新样式的名称"表格样式-1"，如图7-32所示。

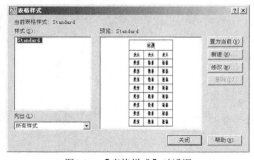

图7-31 【表格样式】对话框

图7-32 【创建新的表格样式】对话框

4. 单击 继续 按钮，打开【新建表格样式】对话框，如图 7-33 所示。在【单元样式】下拉列表中分别选取【数据】、【标题】、【表头】选项。在【文字】选项卡中指定文字样式为【工程文字】，字高为 3.5，在【基本】选项卡中指定文字对齐方式为【正中】。

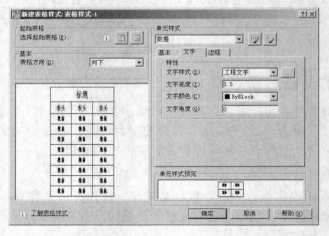

图7-33　【新建表格样式】对话框

5. 单击 [确定] 按钮，返回【表格样式】对话框。单击 [置为当前(U)] 按钮，使新的表格样式成为当前样式。

【知识链接】

【新建表格样式】对话框中常用选项的功能如下。

(1)　【基本】选项卡

- 【填充颜色】：指定表格单元的背景颜色。默认值为"无"。
- 【对齐】：设置表格单元中文字的对齐方式。
- 【水平】：设置单元文字与左右单元边界之间的距离。
- 【垂直】：设置单元文字与上下单元边界之间的距离。

(2)　【文字】选项卡

- 【文字样式】：选择文字样式。单击 按钮，打开【文字样式】对话框，从中可以创建新的文字样式。
- 【文字高度】：输入文字的高度。
- 【文字角度】：设定文字的倾斜角度。逆时针为正，顺时针为负。

(3)　【边框】选项卡

- 【线宽】：指定表格单元的边界线宽。
- 【颜色】：指定表格单元的边界颜色。
- 田按钮：将边界特性设置应用于所有单元。
- □按钮：将边界特性设置应用于单元的外部边界。
- ⊞按钮：将边界特性设置应用于单元的内部边界。
- ▤、▥、▤ 及 ▤ 按钮：将边界特性设置应用于单元的底、左、上及右边界。
- ▩按钮：隐藏单元的边界。

(4)　【表格方向】下拉列表

- 【下】：创建从上向下读取的表对象。标题行和表头行位于表的顶部。
- 【上】：创建从下向上读取的表对象。标题行和表头行位于表的底部。

创建及修改空白表格

用 TABLE 命令创建空白表格。空白表格的外观由当前表格样式决定。使用该命令时，用户要输入的主要参数有行数、列数、行高及列宽等。

【步骤解析】

1. 创建图 7-34 所示的空白表格。

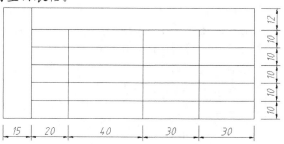

图7-34　创建空白表格

2. 单击【绘图】工具栏上的 ⊞ 按钮，打开【插入表格】对话框，在该对话框中输入创建表格的参数，如图7-35所示。

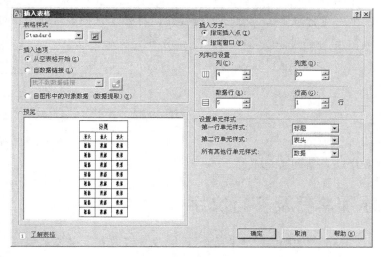

图7-35　【插入表格】对话框

3. 单击 　确定　 按钮，关闭【插入表格】对话框，创建如图7-36所示的表格。

4. 按住鼠标左键拖动鼠标光标，选中第 1 行和第 2 行。单击鼠标右键，弹出快捷菜单，选择【行】/【删除】命令，删除表的第 1 行和第 2 行，结果如图7-37所示。

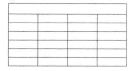

图7-36　创建表格

图7-37　删除行

5. 选中第1列的任一单元，单击鼠标右键，弹出快捷菜单，选择【列】/【在左侧插入】命令，插入新的一列，如图 7-38 所示。

6. 选中第1行的任一单元，单击鼠标右键，弹出快捷菜单，选择【行】/【在上方插入】命令，插入新的一行，如图 7-39 所示。

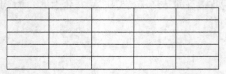

图7-38 插入列

图7-39 插入行

7. 按住鼠标左键拖动鼠标光标，选中第 1 列的所有单元。单击鼠标右键，弹出快捷菜单，选择【合并】/【全部】命令，结果如图 7-40 所示。

8. 按住鼠标左键拖动鼠标光标，选中第 1 行的所有单元。单击鼠标右键，弹出快捷菜单，选择【合并】/【全部】命令，结果如图 7-41 所示。

图7-40 合并列单元

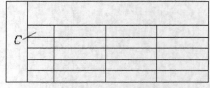

图7-41 合并行单元

9. 分别选中单元 A 和 B，然后利用关键点拉伸方式调整单元的尺寸，结果如图 7-42 所示。

10. 选中单元 C，单击【标准】工具栏上的 按钮，打开【特性】对话框，在【单元宽度】及【单元高度】栏中分别输入数值 20、10，结果如图7-43 所示。

图7-42 调整单元尺寸

图7-43 调整单元宽度与高度

11. 用类似的方法修改表格的其他尺寸。

实训一　添加单行及多行文字

打开文件 "7-5.dwg"，如图7-44 左图所示。修改文字内容、字体及字高，结果如图 7-44 右图所示。右图中文字特性如下。

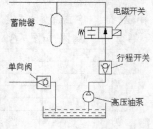

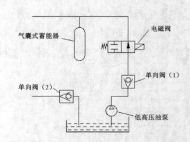

图7-44 编辑文字

- "技术要求": 字高5, 字体 "gbeitc,gbcbig"。
- 其余文字: 字高3.5, 字体 "gbeitc,gbcbig"。

主要作图步骤, 如图7-45所示。

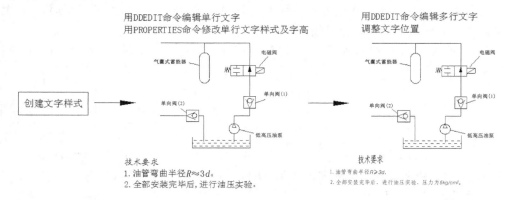

图7-45 主要作图步骤

打开文件 "7-6.dwg", 请在图中添加单行及多行文字, 如图 7-46 所示。图中文字特性如下。

- "λ": 字高4, 字体为 "symbol"。
- 其余文字: 字高5, 中文字体采用 "gbcbig.shx", 西文字体采用 "gbeitc.shx"。

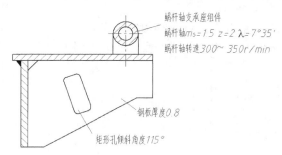

图7-46 添加单行及多行文字

主要作图步骤, 如图7-47所示。

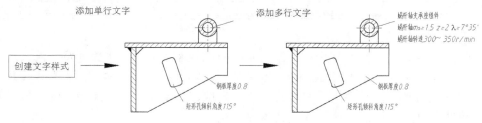

图7-47 主要作图步骤

实训二 在表格中添加文字

用 DTEXT 命令可以方便地在表格中填写文字, 但如果要保证表中文字项目的位置是对齐的就很困难了, 因为使用 DTEXT 命令时只能通过拾取点来确定文字的位置, 这样就无法保证表中文字的位置是准确对齐的。

给表格中添加文字的技巧。

1. 打开文件 "7-7.dwg"。
2. 创建新文字样式，并使其成为当前样式。新样式名称为 "工程文字"，与其相连的字体文件是 "gbeitc.shx" 和 "gbcbig.shx"。
3. 用 DTEXT 命令在明细表底部第一行中书写文字 "序号"，字高 5，如图 7-48 所示。
4. 用 COPY 命令将 "序号" 由 A 点复制到 B、C、D、E 点，如图 7-49 所示。

图7-48　书写单行文字

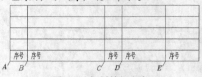

图7-49　复制单行文字

5. 用 DDEDIT 命令修改文字内容，再用 MOVE 命令调整 "名称"、"材料"、"备注" 的位置，结果如图 7-50 所示。
6. 把已经填写的文字向上阵列，如图 7-51 所示。

图7-50　调整文字位置

序号	名称	数量	材料	备注
序号	名称	数量	材料	备注
序号	名称	数量	材料	备注
序号	名称	数量	材料	备注
序号	名称	数量	材料	备注

图7-51　阵列文字

7. 用 DDEDIT 命令修改文字内容，结果如图 7-52 所示。
8. 把序号及数量数字移动到表格的中间位置，结果如图 7-53 所示。

4	转轴	1	45	
3	定位板	2	Q235	
2	轴承盖	1	HT200	
1	轴承座	1	HT200	
序号	名称	数量	材料	备注

图7-52　修改文字内容

4	转轴	1	45	
3	定位板	2	Q235	
2	轴承盖	1	HT200	
1	轴承座	1	HT200	
序号	名称	数量	材料	备注

图7-53　调整文字位置

项目小结

本项目主要内容总结如下。

- 创建文字样式。文字样式决定了 AutoCAD 2008 图形中文本的外观，默认情况下，当前文字样式是 Standard，但用户可以创建新的文字样式。文字样式是文本设置的集合，它决定了文本的字体、高度、宽度及倾斜角度等特性，通过修改某些设定，就能快速地改变文本的外观。

- 用 DTEXT 命令创建单行文字，用 MTEXT 命令创建多行文字。DTEXT 命令的最大优点是它能一次在图形的多个位置放置文本而无须退出命令。而 MTEXT 命令则提供了许多在 Windows 系统处理中才有的功能，如建立下划线文字、在段落文本内部使用不同的字体及创建层叠文字等。

思考与练习

1. 打开文件"xt-1.dwg"，在图中添加单行文字，如图 7-54 所示。文字字高设为"3.5"，字体采用"楷体"。

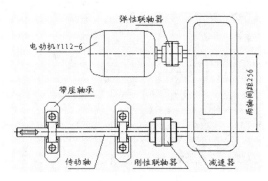

图7-54　创建单行文字

2. 打开文件"xt-2.dwg"，在图中添加单行及多行文字，如图 7-55 所示。图中文字特性如下。

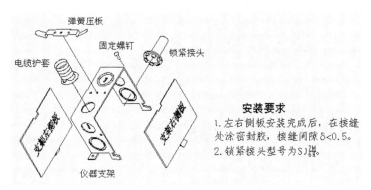

图7-55　添加单行及多行文字

(1) 单行文字字体为"宋体"，字高为 10。其中部分文字沿 60° 角方向书写，字体倾斜角度为 30°。
(2) 多行文字字高为 12，字体为"黑体"和"宋体"。

3. 打开文件"xt-3.dwg"，添加单行文字，如图7-56 所示。文字字高为 5，中文字体采用"gbcbig.shx"，西文字体采用"gbenor.shx"。

4. 打开文件"7-8.dwg"，添加多行文字，如图7-57 所示。图中文字特性如下。

(1) "弹簧总圈数……"及"加载到……"：文字字高为 5，中文字体采用"gbcbig.shx"，西文字体采用"gbeitc.shx"。
(2) "检验项目"：文字字高为 4，字体采用"黑体"。
(3) "检验弹簧……"：文字字高为 3.5，字体采用"楷体"。

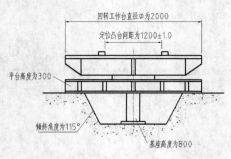

回转工作台直径 Φ 为 2000

定位凸台间距为 1200±1.0

平台高度为 300

倾斜角度为 115°

基座高度为 800

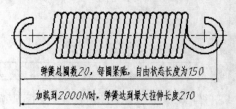

弹簧总圈数 20，每圈紧贴，自由状态长度为 150

加载到 2000N 时，弹簧达到最大拉伸长度 210

检验项目：检验弹簧的拉力，当将弹簧拉伸到长度 180 时，拉力为 1080N，偏差不大于 30N。

图7-56 创建单行文字 　　　　　　　　　　　　　　　图7-57 创建多行文字

5.　创建图 7-58 所示的表格对象，表中文字字高分别为 3.5 和 4.0，字体为"楷体"。

	技 术 数 据		10
1	额定重量	1.5吨	8
2	工件重心与工作台面的最大距离	350mm	8
3	工作台的回转速度	5r/min	8
4	工作台最大倾斜角度	±10°	8
12	75	50	

图7-58 创建表格对象

146

本项目的任务是用 DIMLINEAR、DIMANGULAR、DIMRADIUS、DIMDIAMETER 等命令，标注图 8-1 所示的图形。首先创建标注样式，然后依次标注长度型、角度型、直径及半径型尺寸等。

用 DIMLINEAR、DIMANGULAR、DIMRADIUS、DIMDIAMETER 等命令标注图形。

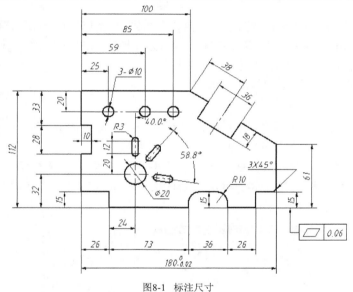

图8-1　标注尺寸

学习目标

掌握创建标注样式的方法。

掌握创建长度型尺寸、对齐尺寸、连续型、基线型尺寸及角度尺寸的方法。

掌握利用尺寸样式覆盖方式标注角度、直径及半径尺寸的方法。

熟悉使用角度尺寸样式簇标注角度的方法。

熟悉如何标注尺寸公差。

了解修改尺寸标注文字、调整标注的位置及更新标注的方法。

任务一　创建标注样式

尺寸标注是一个复合体，它以块的形式存储在图形中，其组成部分包括尺寸线、尺寸线两端起止符号（箭头、斜线等）、尺寸界线、标注文字等，如图 8-2 所示。所有这些组成部分的格式都由尺寸样式来控制。

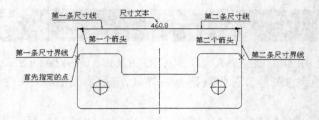

图 8-2　标注组成

在标注尺寸前，用户一般都要创建尺寸样式，否则，AutoCAD 将使用默认样式 ISO-25，生成尺寸标注。AutoCAD 中可以定义多种不同的标注样式，并为之命名。标注时，用户只需指定某个样式为当前样式，就能创建相应的标注形式。

下面将建立符合国标规定的尺寸样式。

【步骤解析】

1. 建立新文字样式，样式名为"工程文字"。与该样式相连的字体文件是"gbeitc.shx"（或"gbenor.shx"）和"gbcbig.shx"。
2. 单击【标注】工具栏上的　按钮，或选取菜单命令【格式】/【标注样式】，弹出【标注样式管理器】对话框，如图 8-3 所示。通过这个对话框可以命名新的尺寸样式，或修改样式中的尺寸变量。

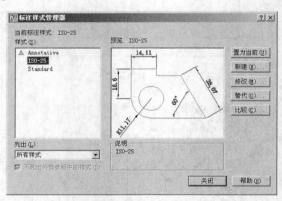

图 8-3　【标注样式管理器】对话框

3. 单击 新建(N)... 按钮，弹出【创建新标注样式】对话框，如图 8-4 所示。在该对话框的【新样式名】文本框中输入新的样式名称"工程标注"。在【基础样式】下拉列表中指定某个尺寸样式作为新样式的基础样式，则新样式将包含基础样式的所有设置。此外，用户还可以在【用于】下拉列表中设定新样式对某一类型尺寸的特殊控制。默认情况下，【用于】下拉列表的选项是"所有标注"，即指新样式将控制所有类型尺寸。

4. 单击 继续 按钮，弹出【新建标注样式】对话框，如图 8-5 所示。

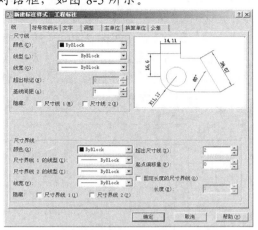

图8-4　【创建新标注样式】对话框　　　　　图8-5　【新建标注样式】对话框

5. 在【线】选项卡的【基线间距】、【超出尺寸线】和【起点偏移量】文本框中分别输入 "7"、"2" 和 "0"。

6. 在【符号和箭头】选项卡的【第一个】下拉列表中选择 "实心闭合"，在【箭头大小】文本框中输入 "2"，该值设定箭头的长度。

7. 在【文字】选项卡的【文字样式】下拉列表中选择 "工程文字"，在【文字高度】、【从尺寸线偏移】文本框中分别输入 "2.5" 和 "0.8"，在【文字对齐】区域中选择【与尺寸线对齐】选项。

8. 在【调整】选项卡的【使用全局比例】文本框中输入 2。进入【主单位】选项卡，在【线性标注】分组框中的【单位格式】、【精度】和【小数分隔符】下拉列表中分别选择 "小数"、"0.00" 和 "句点"，在【角度标注】分组框中的【单位格式】和【精度】下拉列表中分别选择 "十进制度数"、"0.0"。

9. 单击 确定 按钮得到一个新的尺寸样式，再单击 置为当前(U) 按钮使新样式成为当前样式。

【知识链接】

【新建标注样式】对话框中常用选项的功能介绍如下。

一、　【线】选项卡

- 【基线间距】：此选项决定了平行尺寸线间的距离。例如，当创建基线型尺寸标注时，相邻尺寸线间的距离由该选项控制，如图 8-6 所示。

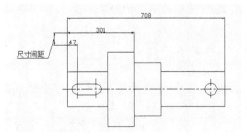

图8-6　控制尺寸线间的距离

- 【超出尺寸线】：控制尺寸界线超出尺寸线的距离，如图 8-7 所示。国际标准中规定，尺寸界线一般超出尺寸线 2～3 mm。如果准备使用 1：1 的比例出图，则延伸值要设定为 2 和 3 之间的值。
- 【起点偏移量】：控制尺寸界线起点与标注对象端点间的距离，如图 8-8 所示。通常应使尺寸界线与标注对象不发生接触，这样才能较容易地区分尺寸标注和被标注的对象。

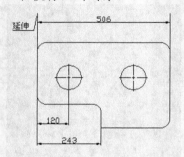

图8-7　延伸尺寸界线

图8-8　控制尺寸界线起点与标注对象间的距离

二、　【符号和箭头】选项卡

- 【第一个】和【第二个】：这两个下拉列表用于选择尺寸线两端起止符号的形式。
- 【引线】：通过此下拉列表设置引线标注的起止符号形式。
- 【箭头大小】：利用此选项设定起止符号的大小。
- 【标记】：利用【标注】工具栏上的 ⊕ 按钮创建圆心标记。圆心标记是指标明圆或圆弧圆心位置的小十字线，如图 8-9 左图所示。
- 【直线】：利用【标注】工具栏上的 ⊕ 按钮创建中心线。中心线是指过圆心并延伸至圆周的水平及垂直直线，如图 8-9 右图所示。

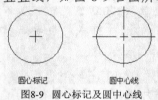

图8-9　圆心标记及圆中心线

三、　【文字】选项卡

- 【文字样式】：在这个下拉列表中选择文字样式，或单击其右边的▦按钮，打开【文字样式】对话框，创建新的文字样式。
- 【文字高度】：在此文本框中指定文字的高度。若在文本样式中已设定了文字高度，则此框中设置的文本高度将是无效的。
- 【绘制文字边框】：通过此复选框，用户可以给标注文本添加一个矩形边框，如图 8-10 所示。
- 【从尺寸线偏移】：该项用于设定标注文字与尺寸线间的距离，如图 8-11 所示。若标注文本在尺寸线的中间（尺寸线断开），则其值表示断开处尺寸线端点与尺寸文字的间距。另外，该值也用来控制文本边框与其中文本的距离。

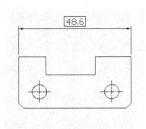

给标注文字添加矩形框

图8-10 给标注文字添加矩形边框

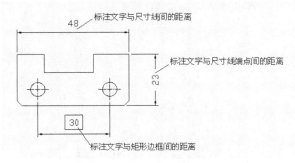

图8-11 控制文字相对于尺寸线的偏移量

四、 【调整】选项卡

- 【使用全局比例】：全局比例值将影响尺寸标注所有组成元素的大小，如标注文字和尺寸箭头等，如图8-12所示。若用户以 1:2 的比例将图样打印在标准幅面的图纸上时，为保证尺寸外观合适，应设定标注的全局比例为打印比例的倒数，即 2。

全局比例为 1.0   全局比例为 2.0

图8-12 全局比例对尺寸标注的影响

五、 【主单位】选项卡

- 线性尺寸的【单位格式】：在此下拉列表中选择所需的长度单位类型。
- 线性尺寸的【精度】：设定长度型尺寸数字的精度（小数点后显示的位数）。
- 【小数分隔符】：若单位类型是小数，则可在此下拉列表中选择小数分隔符的形式。系统共提供了3种分隔符：逗点、句点和空格。
- 【比例因子】：可输入尺寸数字的缩放比例因子。当标注尺寸时，AutoCAD 2008 用此比例因子乘以真实的测量数值，然后将结果作为标注数值。
- 角度尺寸的【单位格式】：在此下拉列表中选择角度的单位类型。
- 角度尺寸的【精度】：设置角度型尺寸数字的精度（小数点后显示的位数）。

六、 【公差】选项卡

(1) 【方式】下拉列表中包含 5 个选项，分别介绍如下。

- 【无】：只显示基本尺寸。
- 【对称】：如果选择【对称】选项，则只能在【上偏差】文本框中输入数值，标注时 AutoCAD 2008 会自动加入"±"符号，结果如图 8-13 所示。
- 【极限偏差】：利用此选项可以在【上偏差】和【下偏差】文本框中分别输入尺寸的上、下偏差值。默认情况下，AutoCAD 2008 将自动在上偏差前面添加"+"号，在下偏差前面添加"-"号。若在输入偏差值时加上"+"或"-"号，则最终显示的符号将是默认符号与输入符号相乘的结果。输入值"+"、"-"号与标注效果的对应关系如图 8-13 所示。

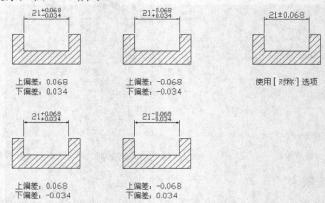

图8-13　尺寸公差标注结果

- 【极限尺寸】：同时显示最大极限尺寸和最小极限尺寸。
- 【基本尺寸】：将尺寸标注值放置在一个长方形的框中（理想尺寸标注形式）。

(2)　【精度】：设置上、下偏差值的精度（小数点后显示的位数）。

(3)　【上偏差】：在此文本框中输入上偏差数值。

(4)　【下偏差】：在此文本框中输入下偏差数值。

(5)　【高度比例】：该选项能让用户调整偏差文本相对于尺寸文本的高度，默认值是 1，此时偏差文本与尺寸文本高度相同。在标注机械图时，建议将此数值设定为 0.7，但若使用【对称】选项，则【高度比例】值仍选为 1。

(6)　【垂直位置】：在此下拉列表中可指定偏差文字相对于基本尺寸的位置关系。当标注机械图时，建议选择【中】选项。

(7)　【前导】：隐藏偏差数字中前面的 0。

(8)　【后续】：隐藏偏差数字中后面的 0。

删除和重命名尺寸样式也是在【标注样式管理器】对话框中进行的。

1.　在【标注样式管理器】对话框的样式列表中选择要进行操作的样式名。

2.　单击鼠标右键，弹出快捷菜单，选择【删除】命令，删除尺寸样式，如图 8-14 所示。

3.　若要重命名样式，则选择【重命名】命令，然后输入新名称，如图 8-14 所示。

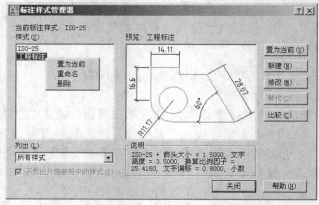

图8-14　【标注样式管理器】对话框

需要注意的是，当前样式及正被使用的尺寸样式不能被删除。此外，用户也不能删除样式列表中仅有的一个标注样式。

任务二 标注尺寸

依次标注各种尺寸，绘图过程如图8-15所示。

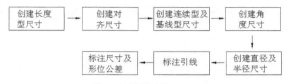

图8-15 绘图过程

（一） 创建长度型尺寸

标注长度尺寸一般可使用以下两种方法。

- 通过在标注对象上指定尺寸线起始点及终止点，创建尺寸标注。
- 直接选取要标注的对象。

DIMLINEAR 命令可以标注水平、竖直及倾斜方向尺寸。标注时，若要使尺寸线倾斜，则输入"R"选项，然后输入尺寸线倾斜角度即可。

【步骤解析】

1. 创建一个名为"尺寸标注"的图层，并使该层成为当前层。
2. 打开自动捕捉，设定捕捉类型为"端点"、"圆心"和"交点"。
3. 单击【标注】工具栏上的 按钮，启动 DIMLINEAR 命令。

```
令：_dimlinear
指定第一条尺寸界线原点或 <选择对象>：        //捕捉端点 A，如图 8-16 所示
指定第二条尺寸界线原点：                     //捕捉端点 B
指定尺寸线位置或[多行文字(M)/文字(T)/角度(A)/水平(H)/垂直(V)/旋转(R)]：
                        //向左移动光标将尺寸线放置在适当位置，单击鼠标左键结束
命令：DIMLINEAR                              //重复命令
指定第一条尺寸界线原点或 <选择对象>：        //按 Enter 键
选择标注对象：                               //选择直线 C
指定尺寸线位置：        //向上移动光标将尺寸线放置在适当位置，单击鼠标左键结束
```

继续标注尺寸"61"，结果如图 8-16 所示。

图8-16 标注长度型尺寸

【知识链接】

(1) 命令启动方法如下。

- 菜单命令:【标注】/【线性】。
- 工具栏:【标注】工具栏上的 按钮。
- 命令: DIMLINEAR 或简写 DIMLIN。

(2) 命令选项介绍如下。

- 多行文字(M): 使用该选项可以打开多行文字编辑器，利用此编辑器用户可以
  输入新的标注文字。

 　　若修改了系统自动标注的文字，就会失去尺寸标注的关联性，即尺寸数字不随标注对象的改变而改变。

- 文字(T): 此选项使用户可以在命令行上输入新的尺寸文字。
- 角度(A): 通过该选项设置文字的放置角度。
- 水平(H)/垂直(V): 创建水平或垂直型尺寸。用户也可通过移动鼠标光标指定创建何种类型尺寸。若左右移动鼠标光标，将生成垂直尺寸；若上下移动鼠标光标，将生成水平尺寸。
- 旋转(R): 使用 DIMLINEAR 命令时，AutoCAD 2008 会自动将尺寸线调整成水平或竖直方向的。"旋转(R)"选项可使尺寸线倾斜一个角度，因此可利用这个选项标注倾斜的对象，如图 8-17 所示。

图8-17　标注倾斜对象

（二）　创建对齐尺寸

要标注倾斜对象的真实长度可以使用对齐尺寸，对齐尺寸的尺寸线平行于倾斜的标注对象。如果用户是选择两个点来创建对齐尺寸，则尺寸线与两点的连线平行。

【步骤解析】

1. 【标注】工具栏上的 按钮，启动 DIMALIGNED 命令。

```
命令: _dimaligned
指定第一条尺寸界线原点或 <选择对象>:              //捕捉 D 点，如图 8-18 所示
指定第二条尺寸界线原点: per 到                    //捕捉垂足 E
指定尺寸线位置或[多行文字(M)/文字(T)/角度(A)]:    //移动光标指定尺寸线的位置
命令:DIMALIGNED                                   //重复命令
指定第一条尺寸界线原点或 <选择对象>:              //捕捉 F 点
指定第二条尺寸界线原点:                           //捕捉 G 点
指定尺寸线位置或[多行文字(M)/文字(T)/角度(A)]:    //移动光标指定尺寸线的位置
```

结果如图 8-18 左图所示。

2. 选择尺寸"36"或"38"，再选中文字处的关键点，移动光标调整文字及尺寸线的位置。继续标注尺寸"18"，结果如图8-18右图所示。

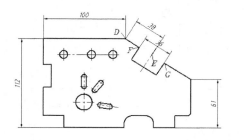 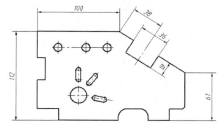

图8-18 创建对齐尺寸

【知识链接】

命令启动方法如下。

- 菜单命令:【标注】/【对齐】。
- 工具栏:【标注】工具栏上的 按钮。
- 命令: DIMALIGNED 或简写 DIMALI。

（三） 创建连续型及基线型尺寸

连续型尺寸标注是一系列首尾相连的标注形式，而基线型尺寸是指所有的尺寸都从同一点开始标注，即公用一条尺寸界线。在创建这两种形式的尺寸时，应首先建立一个尺寸标注，然后发出标注命令。

【步骤解析】

1. 标注连续尺寸，如图8-19所示。

    切换到【注释】选项卡，单击【标注】工具栏上的 按钮，启动 DIMLINEAR 命令。

命令: _dimlinear	//标注尺寸"26"，如图 8-19 左图所示
指定第一条尺寸界线原点或 <选择对象>:	//捕捉 H 点
指定第二条尺寸界线原点:	//捕捉 I 点
指定尺寸线位置:	//移动光标指定尺寸线的位置

    单击【标注】工具栏上的 按钮，启动创建连续标注命令。

命令: _dimcontinue	
指定第二条尺寸界线原点或 [放弃(U)/选择(S)] <选择>:	//捕捉 I 点
指定第二条尺寸界线原点或 [放弃(U)/选择(S)] <选择>:	//捕捉 J 点
指定第二条尺寸界线原点或 [放弃(U)/选择(S)] <选择>:	//捕捉 K 点
指定第二条尺寸界线原点或 [放弃(U)/选择(S)] <选择>:	//捕捉 L 点
指定第二条尺寸界线原点或 [放弃(U)/选择(S)] <选择>:	//按 Enter 键
选择连续标注:	//按 Enter 键结束

    结果如图 8-19 左图所示。

2. 标注尺寸"15"、"33"、"28"等，结果如图 8-19 右图所示。

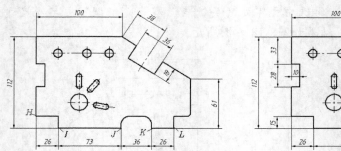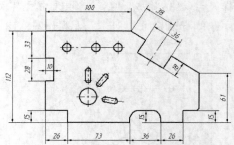

图8-19　创建连续型尺寸

3. 利用关键点编辑方式向上调整尺寸"100"的尺寸线位置，然后创建基线型尺寸，如图 8-20 所示。

命令: _dimlinear	//标注尺寸"25"，如图 8-20 左图所示
指定第一条尺寸界线原点或 <选择对象>:	//捕捉 M 点
指定第二条尺寸界线原点:	//捕捉 N 点
指定尺寸线位置:	//移动光标指定尺寸线的位置

单击【标注】工具栏上的 ⊢ 按钮，启动创建基线型尺寸命令。

命令: _dimbaseline	
指定第二条尺寸界线原点或 [放弃(U)/选择(S)] <选择>:	//捕捉 O 点
指定第二条尺寸界线原点或 [放弃(U)/选择(S)] <选择>:	//捕捉 P 点
指定第二条尺寸界线原点或 [放弃(U)/选择(S)] <选择>:	//按 Enter 键
选择基准标注:	//按 Enter 键结束

结果如图 8-20 左图所示。

4. 打开正交模式，用 STRETCH 命令将虚线矩形框 Q 内的尺寸线向左调整，然后标注尺寸"20"，结果如图 8-20 右图所示。

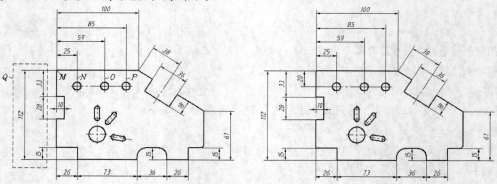

图8-20　创建基线型尺寸

当用户创建一个尺寸标注后，紧接着启动基线或连续标注命令，则 AutoCAD 将以该尺寸的第 1 条尺寸界线为基准线生成基线型尺寸，或者以该尺寸的第 2 条尺寸界线为基准线建立连续型尺寸。若不想在前一个尺寸的基础上生成连续型或基线型尺寸，就按 Enter 键，AutoCAD 命令行提示"选择连续标注"或"选择基准标注"，此时，选择某条尺寸界线作为建立新尺寸的基准线。

【知识链接】

(1) DIMCONTINUE 命令启动方法如下。

- 菜单命令:【标注】/【连续】。
- 工具栏:【标注】工具栏上的 ⊞ 按钮。
- 命令: DIMCONTINUE 或简写 DIMCONT。

(2) DIMBASELINE 命令启动方法如下。

- 菜单命令:【标注】/【基线】。
- 工具栏:【标注】工具栏上的 ⊟ 按钮。
- 命令: DIMBASELINE 或简写 DIMBASE。

(四) 利用尺寸样式覆盖方式标注角度

国标规定角度数字一律水平书写,一般注写在尺寸线的中断处,必要时可以注写在尺寸线上方或外面,也可以画引线标注。

为使角度数字的放置形式符合国标,用户可以采用当前尺寸样式的覆盖方式标注角度。

【步骤解析】

1. 单击【标注】工具栏上的 按钮,弹出【标注样式管理器】对话框。
2. 单击 替代(O)... 按钮(注意不要使用 修改(M)... 按钮),弹出【替代当前样式】对话框。进入【文字】选项卡,在【文字对齐】分组框中选择【水平】单选项,如图8-21所示。
3. 返回主窗口,标注角度尺寸,角度数字将水平放置,如图8-22所示。

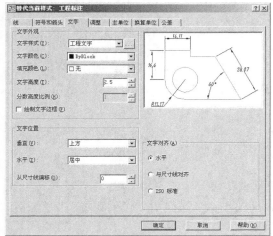

图8-21 【替代当前样式】对话框

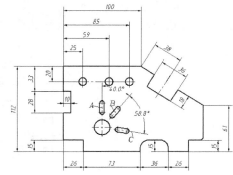

图8-22 创建角度尺寸

单击【标注】工具栏上的 按钮,启动标注角度命令。

命令: _dimangular
选择圆弧、圆、直线或 <指定顶点>:   //选择直线 A
选择第二条直线: //选择直线 B
指定标注弧线位置或 [多行文字(M)/文字(T)/角度(A)/象限点(Q)]:
//移动光标指定尺寸线的位置
命令: _dimcontinue   //启动连续标注命令

指定第二条尺寸界线原点或 [放弃(U)/选择(S)] <选择>:	//捕捉 C 点
指定第二条尺寸界线原点或 [放弃(U)/选择(S)] <选择>:	//按 Enter 键
选择连续标注:	//按 Enter 键结束

结果如图 8-22 所示。

（五） 利用尺寸样式覆盖方式标注直径及半径尺寸

在标注直径和半径尺寸时，AutoCAD 自动在标注文字前面加入"∅"或"R"符号。实际标注中，直径和半径型尺寸的标注形式有多种多样，通过当前样式的覆盖方式进行标注，就非常方便。

上一节已设定尺寸样式的覆盖方式，使尺寸数字水平放置，下面继续标注直径和半径尺寸，这些尺寸的标注文字也将处于水平方向。

【步骤解析】

1. 创建直径和半径尺寸，如图 8-23 所示。

   单击【标注】工具栏上的 ◎ 按钮，启动标注直径命令。

命令: _dimdiameter	
选择圆弧或圆:	//选择圆 D
指定尺寸线位置或 [多行文字(M)/文字(T)/角度(A)]: t	//选择"文字(T)"选项
输入标注文字 <10>: 3-%%C10	//输入标注文字
指定尺寸线位置或 [多行文字(M)/文字(T)/角度(A)]:	//移动光标指定标注文字的位置

   单击【标注】工具栏上的 ◎ 按钮，启动半径标注命令。

命令: _dimradius	
选择圆弧或圆:	//选择圆弧 E
指定尺寸线位置或 [多行文字(M)/文字(T)/角度(A)]:	//移动光标指定标注文字的位置

   继续标注直径尺寸"∅20"及半径尺寸"R3"，结果如图 8-23 所示。

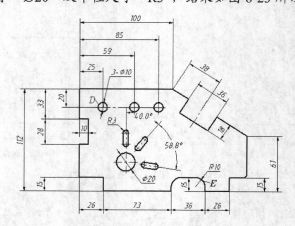

图8-23 创建直径和半径尺寸

2. 取消当前样式的覆盖方式，恢复原来的样式。单击 ◢ 按钮，进入【标注样式管理器】对话框，在此对话框的列表框中选择"工程标注"，然后单击 置为当前(U) 按钮，此时系统打开一个提示性对话框，继续单击 确定 按钮完成。

3. 标注尺寸 "32"、"24"、"12"、"20"，然后利用关键点编辑方式调整尺寸线的位置，结果如图8-24 所示。

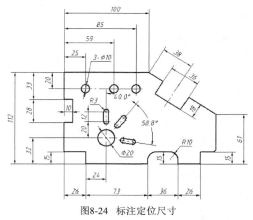

图8-24　标注定位尺寸

（六）　引线标注

MLEADER 命令创建引线标注，它由箭头、引线、基线（引线与标注文字间的线）和多行文字（或图块）组成，如图 8-25 所示，其中箭头的形式、引线外观、文字属性及图块形状等由引线样式控制。

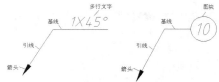

图8-25　引线标注的组成

选中引线标注对象，利用关键点移动基线，则引线、文字或图块跟随移动。若利用关键点移动箭头，则只有引线跟随移动，基线、文字或图块不动。

【步骤解析】

1. 单击【多重引线】工具栏上的 按钮，弹出【多重引线样式管理器】对话框，如图 8-26 所示，利用该对话框可新建、修改、重命名或删除引线样式。

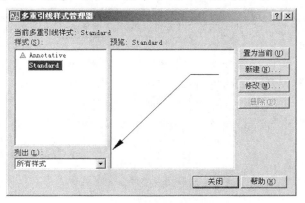

图8-26　【多重引线样式管理器】对话框

2. 单击  按钮，弹出【修改多重引线样式】对话框，如图 8-27 所示。在该对话框中完成以下设置。

- 【引线格式】选项卡

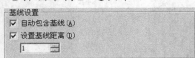

- 【引线结构】选项卡

文本框中的数值 1 表示下划线与引线间的距离。

【指定比例】栏中的数值等于绘图比例的倒数。

- 【内容】选项卡

设置的选项如图 8-27 所示。其中【基线间距】文本框中的数值表示下划线的长度。

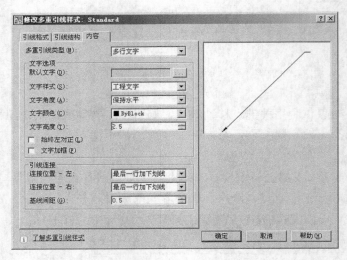

图8-27 【修改多重引线样式】对话框

3. 单击【多重引线】工具栏上的 按钮，启动创建引线标注命令。

```
命令：_mleader
指定引线箭头的位置或 [引线基线优先(L)/内容优先(C)/选项(O)] <选项>：
                              //指定引线起始点 A，如图 8-28 所示
指定引线基线的位置：            //指定引线下一个点 B
        //启动文字编辑器，然后输入标注文字"3×45°"
```

结果如图 8-28 所示。

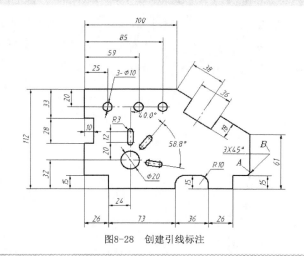

图8-28　创建引线标注

 创建引线标注时，若文本或指引线的位置不合适，可利用关键点编辑方式进行调整。

【知识链接】

(1)　命令启动方法如下。

- 菜单命令：【标注】/【多重引线】。
- 工具栏：【多重引线】工具栏上的 ⌐ 按钮。
- 命令：MLEADER 或简写 MLD。

(2)　命令的常用选项介绍如下。

- 引线基线优先(L)：创建引线标注时，首先指定基线的位置。
- 内容优先(C)：创建引线标注时，首先指定文字或图块的位置。

（七）　标注尺寸及形位公差

创建尺寸公差的方法有两种。

- 利用尺寸样式的覆盖方式标注尺寸公差，公差的上、下偏差值可以在【替代当前样式】对话框的【公差】选项卡中设置。
- 标注时，利用"多行文字(M)"选项打开文字编辑器，然后采用堆叠文字方式标注公差。

标注形位公差可以使用 TOLERANCE 命令及 QLEADER 命令，前者只能产生公差框格，而后者既能形成公差框格又能形成标注指引线。

【步骤解析】

1.　标注尺寸公差。启动 DIMLINEAR 命令，AutoCAD 命令行提示如下。

```
命令: _dimlinear
指定第一条尺寸界线原点或 <选择对象>:         //捕捉交点 A，如图 8-29 所示
指定第二条尺寸界线原点:                      //捕捉交点 B
指定尺寸线位置或[多行文字(M)/文字(T)/角度(A)/水平(H)/垂直(V)/旋转(R)]: m
        //打开【文字编辑器】，在此编辑器中采用堆叠文字方式输入尺寸公差，如图 8-30 所示
```

指定尺寸线位置或 [多行文字 (M) /文字 (T) /角度 (A) /水平 (H) /垂直 (V) /旋转 (R)]：

//指定标注文字位置，结果如

图 8-29 所示

结果如图 8-29 所示。

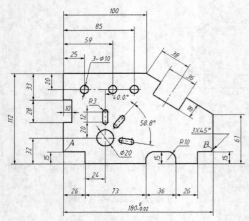

图8-29 标注尺寸公差

图8-30 利用【文字编辑器】创建尺寸公差

2. 标注形位公差。输入 QLEADER 命令，AutoCAD 命令行提示 "指定第一个引线点或[设置(S)]<设置>:"，直接按 Enter 键，弹出【引线设置】对话框，在【注释】选项卡中选择【公差】单选项，如图8-31所示。

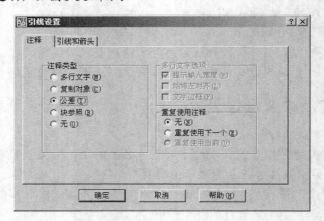

图8-31 【引线设置】对话框

3. 单击 确定 按钮，AutoCAD 命令行提示如下。

指定第一个引线点或 [设置(S)]<设置>：nea 到   //捕捉点 C，如图 8-32 所示
指定下一点：<正交 开>   //打开正交并在 D 点处单击一点
指定下一点：   //在 E 点处单击一点

AutoCAD 打开【形位公差】对话框，在此对话框中输入公差值，如图8-33所示。

4. 单击 确定 按钮，结果如图 8-32 所示。

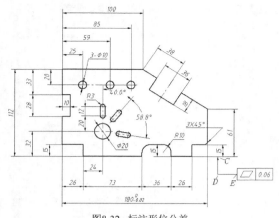

图8-32　标注形位公差

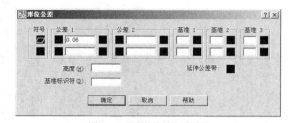

图8-33　【形位公差】对话框

项目拓展

以下介绍使用角度尺寸样式簇标注角度、修改标注文字、调整标注位置及更新标注等。

（一）　使用角度尺寸样式簇标注角度

除了利用尺寸样式覆盖方式标注角度外，用户还可以利用角度尺寸样式簇标注角度。样式簇是已有尺寸样式（父样式）的子样式，该子样式用于控制某种特定类型尺寸的外观。

打开文件"8-2.dwg"，利用角度尺寸样式簇标注角度，如图8-34所示。

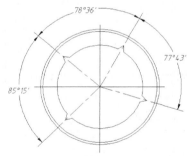

图8-34　使用角度尺寸样式簇标注角度

【步骤解析】

1. 单击【标注】工具栏上的 ![按钮] 按钮，弹出【标注样式管理器】对话框，再单击 新建(N)... 按钮，弹出【创建新标注样式】对话框，在【用于】下拉列表中选择"角度标注"，如图8-35所示。

2. 单击 继续 按钮，弹出【新建标注样式】对话框，进入【文字】选项卡，在该选项卡【文字对齐】分组框中选中【水平】单选项，如图8-36所示。

3. 进入【主单位】选项卡，在【角度标注】分组框中设定角度测量单位为"度/分/秒"，精度为"0d00′"，单击 确定 按钮完成。

4. 返回 AutoCAD 主窗口，单击 ![按钮] 按钮，创建角度尺寸"85°15′"，然后单击 ![按钮] 按钮创建连续标注，结果如图8-34所示。所有这些角度尺寸，其外观由样式簇控制。

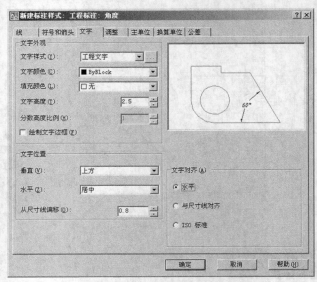

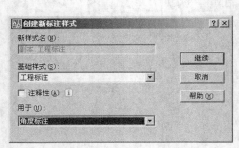

图8-35 【创建新标注样式】对话框　　　　　　图8-36 【新建标注样式】对话框

（二） 修改尺寸标注文字

如果只是修改尺寸标注文字，最佳方法是使用 DDEDIT 命令。发出该命令后，用户可以连续地修改想要编辑的尺寸。

打开文件"8-3.dwg"，如图8-37左图所示。用 DDEDIT 命令，修改标注文本的内容。

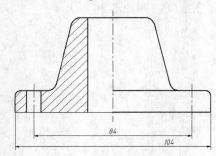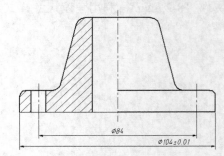

图8-37 修改标注文字

【步骤解析】

1. 输入 DDEDIT 命令，AutoCAD 命令行提示"选择注释对象或[放弃(U)]"，选择尺寸"104"后，AutoCAD 打开【多行文字编辑器】，在该编辑器中输入直径代码及公差值，如图 8-38 所示。

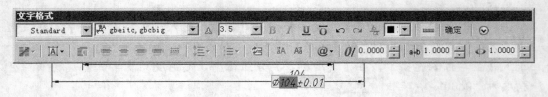

图8-38 在【文字编辑器】中修改文字

2. 单击 确定 按钮，返回图形窗口，AutoCAD 命令行继续提示"选择注释对象或[放弃(U)]"。此时，用户选择尺寸"84"，然后在该尺寸文字前加入直径代码，编辑结果，如图8-37右图所示。

（三）　利用关键点调整标注位置

关键点编辑方式非常适合于移动尺寸线和标注文字，进入这种编辑模式后，一般利用尺寸线两端或标注文字所在处的关键点来调整标注位置。

打开文件"8-4.dwg"，如图8-39左图所示。调整尺寸标注位置，结果如图 8-39 右图所示。

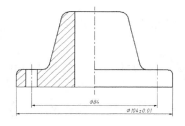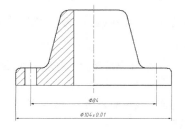

图8-39　调整标注位置

【步骤解析】

1. 选择尺寸"104"，并激活文本所在处的关键点，AutoCAD 自动进入拉伸编辑模式。
2. 向下移动鼠标指针调整文本的位置，结果如图 8-39 右图所示。

调整尺寸标注位置的最佳方法是采用关键点编辑方式，当激活关键点后就可以移动文本或尺寸线到适当的位置。若还不能满足要求，则可以用 EXPLODE 命令将尺寸标注分解为单个对象，然后调整它们，以达到满意的效果。

（四）　更新标注

用户如果发现某个尺寸标注的外观不正确，先通过尺寸样式的覆盖方式调整样式，然后利用 按钮去更新尺寸标注。在使用此命令时，用户可以连续地对多个尺寸进行编辑。

打开文件"8-5.dwg"，如图8-40左图所示。利用更新标注使半径及角度尺寸的文本水平放置，结果如图8-40右图所示。

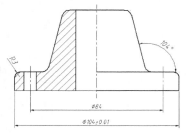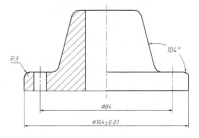

图8-40　更新标注

【步骤解析】

1. 单击 按钮，弹出【标注样式管理器】对话框。

2. 再单击 替代⑩... 按钮，弹出【替代当前样式】对话框。

3. 单击【文字】选项卡，在【文字对齐】分组框中选择【水平】单选项。

4. 返回 AutoCAD 主窗口，单击 ⊢ 按钮，AutoCAD 命令行提示如下。

选择对象: 找到 1 个	//选择角度尺寸
选择对象: 找到 1 个，总计 2 个	//选择半径尺寸
选择对象:	//按 Enter 键结束

结果如图 8-40 右图所示。

实训一 标注直线型、直径及半径尺寸

要求：打开文件"8-6.dwg"，标注该图形，结果如图 8-41 所示。

【步骤解析】

1. 建立一个名为"标注层"的图层，设置图层颜色为绿色，线型为 Continuous，并使其成为当前层。

2. 创建新文字样式，样式名为"标注文字"。与该样式相连的字体文件是"gbeitc.shx"和"gbcbig.shx"。

3. 创建一个尺寸样式，名称为"国标标注"，对该样式作以下设置。

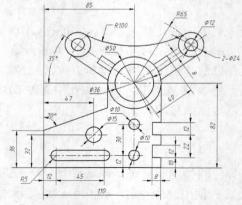

图8-41 标注平面图形

(1) 标注文本连接"标注文字"，文字高度等于 2.5，精度为 0.0，小数点格式是"句点"。

(2) 标注文本与尺寸线间的距离是 0.8。

(3) 箭头大小为 2。

(4) 尺寸界线超出尺寸线长度等于 2。

(5) 尺寸线起始点与标注对象端点间的距离为 0。

(6) 标注基线尺寸时，平行尺寸线间的距离为 6。

(7) 标注总体比例因子为 2。

(8) 使"国标标注"成为当前样式。

4. 打开对象捕捉，设置捕捉类型为"端点"、"交点"。标注尺寸，结果如图8-41所示。

要求：打开文件"8-7.dwg"，标注该图形，结果如图8-42所示。

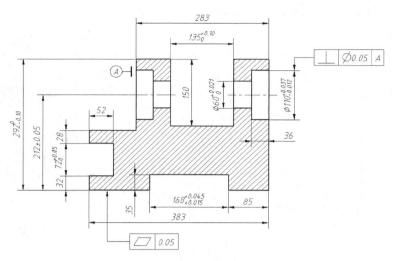

图8-42 标注尺寸及形位公差

实训二 插入图框、标注零件尺寸及表面粗糙度

打开文件"8-8.dwg",标注传动轴零件图,标注结果如图 8-43 所示。零件图图幅选用 A3 幅面,绘图比例为 2:1,标注字高为 3.5,字体为"gbeitc.shx",标注总体比例因子为 0.5。这个练习的目的是使读者掌握零件图尺寸标注的步骤和技巧。

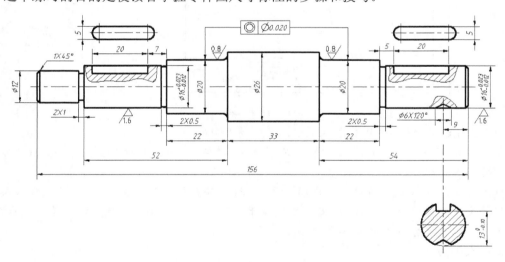

图8-43 标注零件尺寸

【步骤解析】

1. 打开包含标准图框及表面粗糙度符号的图形文件"A3.dwg",如图 8-44 所示。在图形窗口中单击鼠标右键,弹出快捷菜单,选择【带基点复制】选项,然后指定 A3 图框的右下角为基点,再选择该图框及表面粗糙度符号。

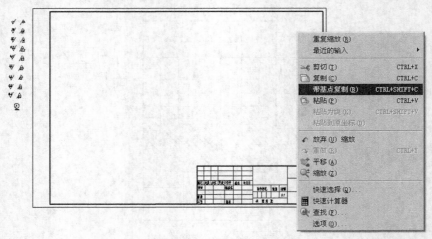

图8-44　复制图框

2. 切换到当前零件图，在图形窗口中单击鼠标右键，弹出快捷菜单，选择【粘贴】选项，把 A3 图框复制到当前图形中，如图8-45所示。

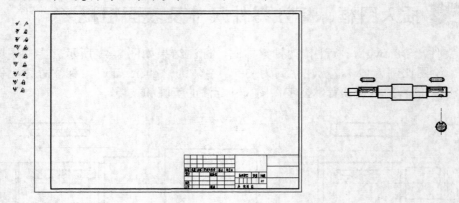

图8-45　插入图框

3. 用 SCALE 命令把 A3 图框和表面粗糙度符号缩小 50%。

4. 创建新文字样式，样式名为"标注文字"。与该样式相连的字体文件是"gbeitc.shx"和"gbcbig.shx"。

5. 创建一个尺寸样式，名称为"国标标注"，对该样式作以下设置。

(1) 标注文本连接"标注文字"，文字高度等于 2.5，精度为 0.0，小数点格式是"句点"。

(2) 标注文本与尺寸线间的距离是为 0.8。

(3) 箭头大小为 2。

(4) 尺寸界线超出尺寸线长度等于 2。

(5) 尺寸线起始点与标注对象端点间的距离为 0。

(6) 标注基线尺寸时，平行尺寸线间的距离为 6。

(7) 标注总体比例因子为 0.5（绘图比例的倒数）。

(8) 使"国标标注"成为当前样式。

6. 用 MOVE 命令将视图放入图框内，创建尺寸，再用 COPY 及 ROTATE 命令，标注表面粗糙度，结果如图8-43所示。

项目小结

本项目主要内容总结如下。

- 创建标注样式。标注样式决定了尺寸标注的外观。当尺寸外观看起来不合适时，可通过调整标注样式进行修正。
- 在 AutoCAD 2008 中可以标注出多种类型的尺寸，如长度型、平行型、直径型及半径型等。
- 用 DDEDIT 命令修改标注文字内容，利用关键点编辑方式调整标注位置。

思考与练习

1. 打开文件"xt-1.dwg"，建立一个符合国标规定的尺寸样式。用 DIMLINEAR 和 DIMALIGNED 命令标注直线型尺寸，结果如图8-46所示。

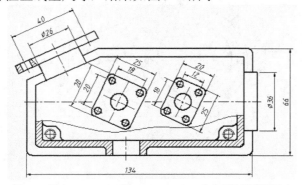

图8-46 用 DIMLINEAR 和 DIMALIGNED 命令标注直线型尺寸

2. 打开文件"xt-2.dwg"，建立一个符合国标规定的尺寸样式。用 DIMANGULAR 命令标注角度尺寸，结果如图8-47所示。

3. 打开文件"xt-3.dwg"，用 DIMDIAMETER 和 DIMRADIUS 命令标注圆和圆弧，结果如图 8-48 所示。

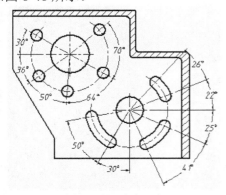

图8-47 标注角度尺寸

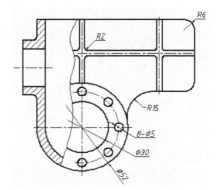

图8-48 创建直径及半径尺寸

4. 打开文件"xt-4.dwg"，如图8-49所示。请标注该图样。

5. 打开文件"xt-5.dwg"，如图8-50所示。请标注该图样。

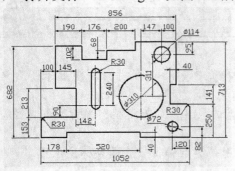

图8-49 标注尺寸

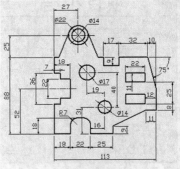

图8-50 标注尺寸

6. 打开文件"xt-6.dwg"，如图8-51所示。请标注该图样。

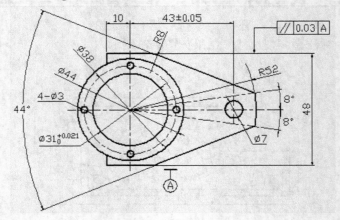

图8-51 标注尺寸

项目九
打印图形

本项目的任务是从模型空间打印图形。首先添加打印设备，然后设置打印参数。从模型空间打印图 9-1 所示的图形。

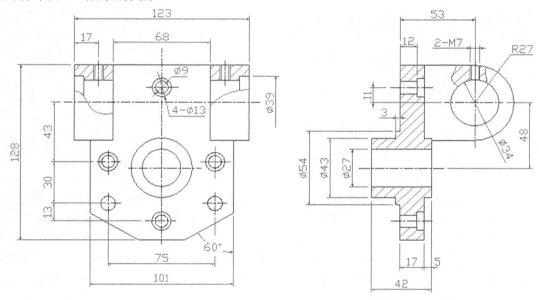

图9-1　打印图形

学习目标

掌握添加及选择打印设备的方法。

掌握使用打印样式及选择图纸幅面的方法。

掌握如何设定打印区域和打印比例。

掌握调整图形打印方向和位置及预览打印效果的方法。

了解保存打印设置的方法。

了解将多张图纸布置在一起打印的方法。

任务一 添加打印设备

利用 AutoCAD 提供的"添加绘图仪向导"，配置一台绘图仪。

【步骤解析】

1. 打开文件 "9-1.dwg"，如图9-1所示。
2. 选择菜单命令【文件】/【绘图仪管理器】，打开 "Plotters" 文件夹，该文件夹显示了在 AutoCAD 中已安装的所有绘图仪。再双击"添加绘图仪向导"图标，打开【添加绘图仪】对话框，如图9-2所示。
3. 单击 下一步(N)> 按钮，打开【添加绘图仪-开始】对话框，在此对话框中设置新绘图仪的类型，选择【我的电脑】选项，如图9-3所示。

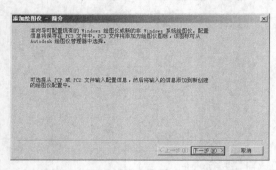

图9-2 【添加绘图仪】对话框

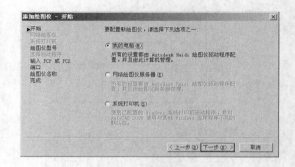

图9-3 【添加绘图仪-开始】对话框

4. 单击 下一步(N)> 按钮，打开【添加绘图仪-绘图仪型号】对话框，如图9-4所示。在【生产商】列表框中选择绘图仪的制造商 "HP"；在【型号】列表框中指定绘图仪的型号 "DesignJet 450 C4716A"。
5. 单击 下一步(N)> 按钮，打开【输入 PCP 或 PC2】对话框，如图9-5所示。若用户想使用 AutoCAD 早期版本的打印机配置文件（".pcp" 或 ".pc2" 文件）就单击 输入文件(I)... 按钮，然后输入这些文件。

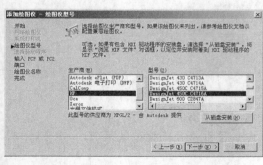

图9-4 【添加绘图仪-绘图仪型号】对话框

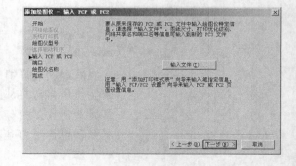

图9-5 【添加绘图仪-输入 PCP 或 PC2】对话框

6. 单击 下一步(N)> 按钮，打开【添加绘图仪-端口】对话框，如图9-6所示。选择【打印到端口】单选项，然后在列表框中指定输出到绘图仪的端口。
7. 单击 下一步(N)> 按钮，打开【添加绘图仪-绘图仪名称】对话框，如图9-7所示。在【绘图仪名称】文本框中列出了绘图仪的名称，用户可以在此栏中输入新的名称。

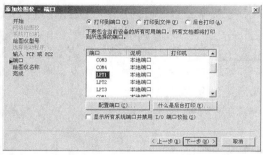

图9-6 【添加绘图仪-端口】对话框	图9-7 【添加绘图仪-绘图仪名称】对话框

8. 单击 下一步(N) > 按钮，再单击 完成(F) 按钮，新添加的绘图仪就出现在 "Plotters" 文件夹中。

任务二 设置打印参数

选取菜单命令【文件】/【打印】，AutoCAD 打开【打印-模型】对话框，在该对话框中可配置打印设备及选择打印样式，还能设定图纸幅面、打印比例及打印区域等参数。具体设置步骤，如图 9-8 所示。

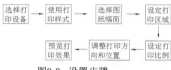

图9-8 设置步骤

（一） 选择打印设备

用户可以选择 Windows 系统打印机或 AutoCAD 内部打印机（".pc3" 文件）作为输出设备。

【步骤解析】

1. 选取菜单命令【文件】/【打印】，AutoCAD 打开【打印-模型】对话框，如图 9-9 所示。

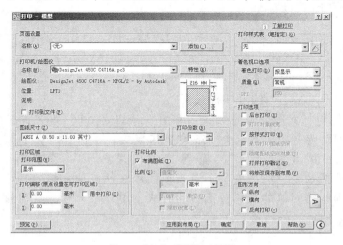

图9-9 【打印-模型】对话框

計算機辅助設计——AutoCAD 2008 中文版基礎教程（第 2 版）

2. 在【打印机/绘图仪】分组框的【名称】下拉列表中选择输出设备"DesignJet 450C C4716A"。

3. 如果用户想修改当前打印机设置，可单击 特性(R)... 按钮，打开【绘图仪配置编辑器】对话框，如图 9-10 所示。在该对话框中，用户可以重新设定打印机端口及其他输出设置，如打印介质、图形、自定义特性、校准及自定义图纸尺寸等。

图9-10 【绘图仪配置编辑器】对话框

【知识链接】

【绘图仪配置编辑器】对话框各选项卡的功能。

- 【基本】：该选项卡包含了打印机配置文件（".pc3" 文件）的基本信息，如配置文件名称、驱动程序信息、打印机端口等，用户可以在此选项卡的【说明】列表框中加入其他注释信息。

- 【端口】：通过此选项卡用户可以修改打印机与计算机的连接设置，如选定打印端口、指定打印到文件、后台打印等。

- 【设备和文档设置】：在该选项卡中用户可以指定图纸来源、尺寸和类型，并能修改颜色深度、打印分辨率等。

（二） 使用打印样式

打印样式是对象的一种特性，如同颜色、线型一样，它用于修改打印图形的外观。若为某个对象选择了一种打印样式，则输出图形后，对象的外观由样式决定。AutoCAD 提供了几百种打印样式，并将其组合成一系列打印样式表。

AutoCAD 有以下两种类型的打印样式表。

- 颜色相关打印样式表：颜色相关打印样式表以 ".ctb" 为文件扩展名保存。该表以对象颜色为基础，共包含 255 种打印样式，每种 ACI 颜色对应一个打印样式，样式名分别为 "颜色 1"、"颜色 2" 等。用户不能添加或删除颜色相关打印样式，也不能改变它们的名称。若当前图形文件与颜色相关打印样式表相连，则系统自动根据对象的颜色分配打印样式。用户不能选择其他打印样式，但可以对已分配的样式进行修改。

- 命名相关打印样式表：命名相关打印样式表以 ".stb" 为文件扩展名保存。该

174

表包括一系列已命名的打印样式，用户可以修改打印样式的设置及其名称，还可以添加新的样式。若当前图形文件与命名相关打印样式表相连，则用户可以不考虑对象颜色，直接给对象指定样式表中的任意一种打印样式。

【步骤解析】

在【打印-模型】对话框【打印样式表】分组框的【名称】下拉列表中，选择打印样式，如图 9-11 所示。

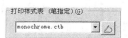

图9-11 使用打印样式

在【名称】下拉列表中包含了当前图形中的所有打印样式表，用户可以选择其中之一。用户若要修改打印样式，就单击此下拉列表右边的按钮，打开【打印样式表编辑器】对话框，利用该对话框，可以查看或改变当前打印样式表中的参数。

> 选取菜单命令【文件】/【打印样式管理器】，打开【Plot Styles】文件夹，该文件夹中包含打印样式表文件及添加打印样式表向导快捷方式，双击此快捷方式就能创建新打印样式表。

AutoCAD 新建的图形不是处于"颜色相关"模式下就是处于"命名相关"模式下，这和创建图形时选择的样板文件有关。若是采用无样板方式新建图形，则可以事先设定新图形的打印样式模式。发出 OPTIONS 命令，系统打开【选项】对话框，进入【打印和发布】选项卡，再单击 打印样式表设置(S)... 按钮，打开【打印样式表设置】对话框，如图 9-12 所示。通过该对话框用户可设置新图形的默认打印样式模式。当用户选择【使用命名打印样式】单选项后，还可以设定图层 0 或图形对象所采用的默认打印样式。

图9-12 【打印样式表设置】对话框

（三） 选择图纸幅面

用户可以选择标准图纸，也可以自定义图纸。

【步骤解析】

1. 在【打印-模型】对话框【图纸尺寸】下拉列表中，指定图纸大小，如图 9-13 所示。

图9-13 【图纸尺寸】下拉列表

【图纸尺寸】下拉列表中包含了选定打印设备可用的标准图纸尺寸。当选择某种幅面图纸时，该列表右上角出现所选图纸及实际打印范围的预览图像（打印范围用阴影表示出来，可以在【打印区域】分组框中设定）。将光标移到图像上面，在光标位置处就显示出精确的图纸尺寸及图纸上可打印区域的尺寸。

2. 如果用户创建自定义图纸，可以在【打印-模型】对话框的【打印机/绘图仪】分组框中，单击 特性(R)... 按钮，打开【绘图仪配置编辑器】对话框，在【设备和文档设置】选项卡中，选择【自定义图纸尺寸】选项，如图 9-14 所示。

3. 单击 添加(A)... 按钮，打开【自定义图纸尺寸-开始】对话框，如图 9-15 所示。

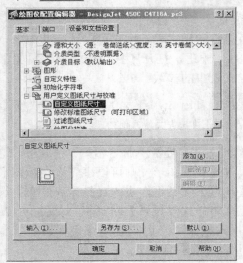

图9-14　【设备和文档设置】选项卡　　　　图9-15　【自定义图纸尺寸-开始】对话框

4. 不断单击 下一步(N) > 按钮，并根据 AutoCAD 的提示设置图纸参数，最后单击 完成(F) 按钮结束。

5. 返回【打印-模型】对话框，AutoCAD 将在【图纸尺寸】下拉列表中显示自定义的图纸尺寸。

（四）　设定打印区域

图形的打印区域由【打印区域】分组框中的选项确定。

【步骤解析】

在【打印-模型】对话框【打印区域】分组框中设置要输出的图形范围，如图 9-16 所示。

图9-16　【打印区域】分组框

【打印范围】下拉列表中包含 4 个选项，用户可以利用图9-17所示的图样了解它们的功能。

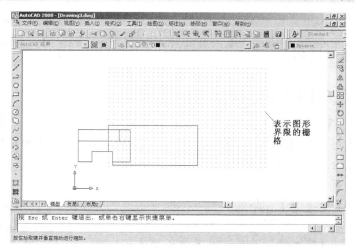

图9-17 设置打印区域

在【草图设置】对话框中关闭选项"自适应栅格"及"显示超出界线的栅格",才出现如图9-17所示的栅格。

- 【图形界限】: 从模型空间打印时,【打印范围】下拉列表中将列出"图形界限"选项。选取该选项,系统就把设定的图形界限范围(用 LIMITS 命令设置图形界限)打印在图纸上,结果如图9-18所示。

  从图纸空间打印时,【打印范围】下拉列表将列出"布局"选项。选取该选项,系统将打印虚拟图纸可打印区域内的所有内容。

- 【范围】: 打印图样中所有图形对象,结果如图9-19所示。

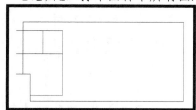

图9-18 【图形界限】选项

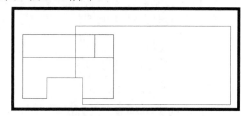

图9-19 【范围】选项

- 【显示】: 打印整个图形窗口,打印结果如图 9-20 所示。

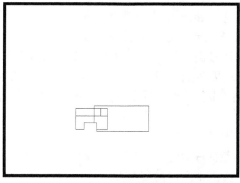

图9-20 【显示】选项

- 【窗口】：打印用户自己设定的区域。选择此选项后，系统提示指定打印区域的两个角点，同时在【打印】对话框中显示  按钮，单击此按钮，可以重新设定打印区域。

（五）　设定打印比例

绘制阶段用户根据实物按 1∶1 比例绘图，出图阶段需依据图纸尺寸确定打印比例，该比例是图纸尺寸单位与图形单位的比值。当测量单位是 mm，打印比例设定为 1∶2 时，表示图纸上的 1mm 代表两个图形单位。

【步骤解析】

在【打印-模型】对话框【打印比例】分组框中，设置出图比例，如图 9-21 所示。

【比例】下拉列表包含了一系列标准缩放比例值，此外，还有【自定义】选项，该选项使用户可以自己指定打印比例。

从模型空间打印时，【打印比例】的默认设置是【布满图纸】，此时，系统将缩放图形以充满所选定的图纸。

图9-21　【打印比例】分组框

（六）　调整图形打印方向和位置

图形在图纸上的打印方向通过【图形方向】分组框中的选项调整，图形在图纸上的打印位置由【打印偏移】分组框中的选项确定。

【步骤解析】

1. 在【打印-模型】对话框【图形方向】分组框中设置打印方向，如图 9-22 所示。
2. 在【打印-模型】对话框【打印偏移】分组框中设置打印位置，如图 9-23 所示。

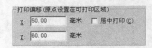

图9-22　【图形方向】分组框　　　　　　图9-23　【打印偏移】分组框

【图形方向】分组框中包含一个图标，此图标表明图纸的放置方向，图标中的字母代表图形在图纸上的打印方向。

【图形方向】包含以下 3 个选项。

- 【纵向】：图形在图纸上的放置方向是竖直的。
- 【横向】：图形在图纸上的放置方向是水平的。
- 【反向打印】：使图形颠倒打印，此复选项可以与【纵向】、【横向】结合使用。

默认情况下，AutoCAD 从图纸左下角打印图形，打印原点处在图纸左下角位置，坐标是（0,0），用户可在【打印偏移】分组框中设定新的打印原点，这样图形在图纸上将沿 x 轴和 y 轴移动。

该分组框包含以下 3 个选项。

- 【居中打印】：在图纸正中间打印图形（自动计算 x 和 y 的偏移值）。
- 【X】：指定打印原点在 x 方向的偏移值。
- 【Y】：指定打印原点在 y 方向的偏移值。

如果用户不能确定打印机如何确定原点，可以试着改变一下打印原点的位置并预览打印结果，然后根据图形的移动距离推测原点位置。

（七） 预览打印效果

打印参数设置完成后，用户可以通过打印预览观察图形的打印效果。如果不合适可以重新调整，以免浪费图纸。

【步骤解析】

1. 单击【打印-模型】对话框下面的 预览(P)... 按钮，AutoCAD 显示实际的打印效果，如图 9-24 所示。

2. 预览时，光标变成"Q+"，用户可以进行实时缩放操作。若满意，单击 按钮开始打印。否则，按 Esc 键返回【打印-模型】对话框，重新设定打印参数。

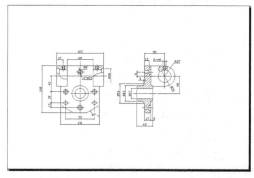

图9-24 预览打印效果

项目拓展

以下介绍将多张图纸布置在一起打印及保存打印设置的方法。

（一） 将多张图纸布置在一起打印

为了节省图纸，用户常常需要将几个图样布置在一起打印，具体方法如下。

文件"9-2-A.dwg"和"9-2-B.dwg"都采用 A2 幅面图纸，绘图比例分别为（1:3）、（1:4），现将它们布置在一起输出到 A1 幅面的图纸上。

1. 创建一个新文件。

2. 选择菜单命令【插入】/【DWG 参照】，打开【选择参照文件】对话框，找到图形文件"9-2-A.dwg"。单击 打开(O) 按钮，打开【外部参照】对话框，利用该对话框插入图形文件，插入时的缩放比例为 1:1。

3. 用 SCALE 命令缩放图形，缩放比例为 1:3（图样的绘图比例）。

4. 用与第 2、3 步相同的方法插入文件"9-2-B.dwg"，插入时的缩放比例为 1:1。插入图样后，用 SCALE 命令缩放图形，缩放比例为 1:4。

5. 用 MOVE 命令调整图样位置，让其组成 A1 幅面图纸，如图 9-25 所示。

6. 选择菜单命令【文件】/【打印】，打开【打印-模型】对话框，如图 9-26 所示。在该对话框中作以下设置。

图9-25 将图形组成 A1 幅面

图9-26 【打印】对话框

(1) 在【打印机/绘图仪】分组框的【名称】下拉列表中，选择打印设备 "DesignJet 450C C4716A"。

(2) 在【图纸尺寸】下拉列表中选择 A1 幅面图纸。

(3) 在【打印样式表】分组框的下拉列表中选择打印样式 "monochrome.ctb"（将所有颜色打印为黑色）。

(4) 在【打印范围】下拉列表中选择 "范围" 选项。

(5) 在【打印比例】分组框中选择【布满图纸】复选项。

(6) 在【图形方向】分组框中选择【纵向】单选项。

7. 单击 预览(P)... 按钮，预览打印效果，如图9-27所示。若满意，单击 按钮开始打印。

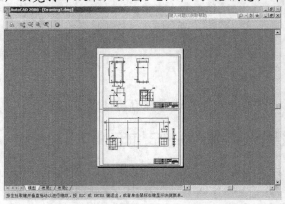

图9-27 预览打印效果

（二） 保存打印设置

用户选择打印设备并设置打印参数后（图纸幅面、比例和方向等），可以将所有这些保存在页面设置中，以便以后使用。

在【打印】对话框【页面设置】分组框的【名称】下拉列表中，显示了所有已命名的页面设置，若要保存当前页面设置，就单击该列表右边的 添加(A)... 按钮，打开【添加页面设置】对话框，如图9-28所示。在该对话框的【新页面设置名】文本框中输入页面名称，然后单击 确定 按钮，存储页面设置。

用户也可以从其他图形中输入已定义的页面设置。在【页面设置】分组框的【名称】下拉列表中，选择"输入"选项，打开【从文件选择页面设置】对话框，选择并打开所需的图形文件，打开【输入页面设置】对话框，如图9-29所示。该对话框显示图形文件中包含的页面设置，选择其中之一，单击 确定 按钮完成。

图9-28 【添加页面设置】对话框

图9-29 【输入页面设置】对话框

项目小结

本项目主要内容总结如下。

(1) 打印图形时，用户一般需要进行以下设置。

- 选择打印设备，包括 Windows 系统打印机及 AutoCAD 2008 内部打印机。
- 指定图幅大小、图纸单位及图形放置方向。
- 设定打印比例。
- 设置打印范围，用户可指定图形界限、所有图形对象、某一矩形区域及显示窗口等作为输出区域。
- 调整图形在图纸上的位置。通过修改打印原点可使图形沿 x、y 轴移动。
- 选择打印样式。
- 预览打印效果。

(2) AutoCAD 2008 提供了两种绘图环境：模型空间和图纸空间。用户一般是在模型空间中按 1:1 比例绘图，绘制完成后，再以放大或缩小的比例打印图形。图纸空间提供了虚拟图纸，设计人员可以在图纸上布置模型空间的图形并设定缩放比例。出图时，将虚拟图纸用 1:1 比例打印出来。

思考与练习

1. 打印图形时，一般应设置哪些打印参数？如何设置？
2. 打印图形的主要过程是怎样的？
3. 当设置完成打印参数后，应如何保存以便以后再次使用？
4. 从模型空间出图时，怎样将不同绘图比例的图纸放在一起打印？
5. 有哪两种类型的打印样式？它们的作用是什么？

项目十

创建三维实体模型

本项目的任务是用 EXTRUDE、BOX、CYLINDER 及 UNION 等命令创建图 10-1 所示的三维实体模型。首先进入三维绘图环境，然后创建三维实体的各个部分。

绘制图 10-1 所示的三维实体模型。

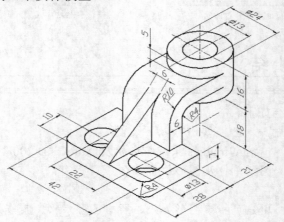

图10-1 创建实体模型

学习目标

掌握将二维对象拉伸成 3D 实体的方法。

掌握观察三维实体的方法。

掌握创建长方体和圆柱体的方法。

掌握布尔运算的方法。

熟悉 3D 阵列、镜像、旋转、倒圆角及倒角的方法。

熟悉拉伸、移动、偏移、旋转及锥化面的方法。

熟悉编辑实心体的棱边及抽壳、压印的方法。

了解与实体显示有关的变量。

了解用户坐标系。

了解利用布尔运算构建复杂实体模型的方法。

任务一　进入三维绘图环境

首先进入三维建模工作空间并切换视点，然后将二维对象拉伸成 3D 实体，具体绘图过程，如图 10-2 所示。

进入三维建模工作
空间切换到东南等
轴测视图

观察三维
实体

图10-2　绘图过程

（一）　切换到东南等轴测视图

创建三维模型时可以切换至 AutoCAD 三维工作空间，默认情况下，AutoCAD 使观察点位于三维坐标系的 z 轴上，因而屏幕上显示的是 xy 坐标面。绘制三维图形时，需改变观察的方向，这样才能看到模型沿 x、y、z 轴实体的形状。

【步骤解析】

1. 在【工作空间】工具栏的下拉列表中选择【三维建模】选项，或选择菜单命令【工具】/【工作空间】/【三维建模】，进入三维建模工作空间。默认情况下，三维建模空间包含【标准】工具栏、【图层】工具栏、【工作空间】工具栏及三维建模【面板】。【面板】是一种特殊形式的选项板，选取菜单命令【工具】/【选项板】/【面板】可打开或关闭它。【面板】由二维绘制控制台（三维工作空间中隐藏）、三维制作控制台、三维导航控制台、视觉样式控制台、材质控制台、光源控制台、渲染控制台及图层控制台等组成，如图 10-3 所示。这些控制台提供了三维建模常用的工具按钮及相关控件，使用户可以方便地进行建模、观察及渲染等工作。

控制台图标

图层控制台
三维制作控制台
视觉样式控制台
光源控制台
材质控制台
渲染控制台
三维导航控制台

图10-3　三维工作空间

2. 打开三维导航控制台的【视图控制】下拉列表，如图10-4所示。选择【东南等轴测】选项，切换到东南等轴测视图。

图10-4 【视图控制】下拉列表

3. 打开极轴追踪、对象捕捉及自动追踪功能。指定极轴追踪角度增量为 90°，设定对象捕捉方式为"端点""交点"和"圆心"。

4. 设定绘图区域大小为 150×150。单击【标准】工具栏上的 按钮，使绘图区域充满整个图形窗口显示出来。

三维导航控制台的【视图控制】下拉列表提供了 10 种标准视点。通过这些视点就能获得 3D 对象的 10 种视图，如主视图、后视图、左视图及东南轴测图等。

（二） 将二维对象拉伸成 3D 实体

EXTRUDE 命令可以拉伸二维对象生成 3D 实体或曲面，若拉伸闭合对象，则生成实体，否则生成曲面。操作时，用户可以指定拉伸高度值及拉伸对象的锥角，还可以沿某一直线或曲线路径进行拉伸。

EXTRUDE 命令能拉伸的对象及路径，如表 10-1 所示。

表 10-1 拉伸对象及路径

拉伸对象	拉伸路径
直线、圆弧、椭圆弧	直线、圆弧、椭圆弧
二维多段线	二维及三维多段线
二维样条曲线	二维及三维样条曲线
面域	螺旋线
实体上的平面	实体及曲面的边

实体的面、边及顶点是实体的子对象，按住 Ctrl 键就能选择这些子对象。

【步骤解析】

1. 在 xy 平面绘制平面图形，并将图形创建成面域，结果如图10-5所示。

2. 单击【建模】工具栏或三维制作控制台上的 ⬚ 按钮，启动 EXTRUDE 命令。

```
命令: _extrude
选择要拉伸的对象: 找到 1 个                    //选择面域
选择要拉伸的对象:                             //按 Enter 键
指定拉伸的高度或 [方向(D)/路径(P)/倾斜角(T)] <50.0000>: 7
                                         //输入拉伸高度
```

结果如图10-6所示。

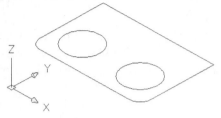

图10-5　绘制平面图形并创建成面域

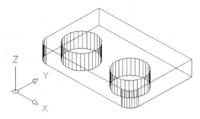

图10-6　拉伸面域

【知识链接】

(1) 命令启动方法如下。

- 菜单命令:【绘图】/【建模】/【拉伸】。
- 工具栏:【实体编辑】工具栏上的 ⬚ 按钮。
- 命令: EXTRUDE 或简写 EXT。
- 面板:【三维制作】控制台上的 ⬚ 按钮。

(2) 命令选项介绍如下。

- 指定拉伸的高度: 如果输入正的拉伸高度，则使对象沿 z 轴正向拉伸; 如果输入负值，则 AutoCAD 2008 沿 z 轴负向拉伸。当对象不在坐标系 xy 平面内时，将沿该对象所在平面的法线方向拉伸对象。
- 方向: 指定两点，两点的连线表明了拉伸方向和距离。
- 路径: 沿指定路径拉伸对象形成实体或曲面。拉伸时，路径被移动到轮廓的形心位置。路径不能与拉伸对象在同一个平面内，也不能具有较大曲率的区域，否则可能在拉伸过程中产生自相交情况。
- 倾斜角: 当 AutoCAD 2008 提示 "指定拉伸的倾斜角度<0>:" 时，输入正的拉伸倾角表示从基准对象逐渐变细地拉伸，而负角度值则表示从基准对象逐渐变粗地拉伸，如图 10-7 所示。用户要注意拉伸斜角不能太大，若拉伸实体截面在到达拉伸高度前已经变成一个点，那么 AutoCAD 2008 将提示不能进行拉伸。

拉伸斜角为5°　　　　　　拉伸斜角为-5°

图10-7　指定拉伸倾斜角度

（三） 观察三维实体

三维建模过程中，常需要从不同方向观察模型。除用标准视点观察模型外，AutoCAD
还提供了多种观察模型的方法，3DFORBIT 命令可以使用户利用单击并拖动鼠标的方法将
3D 模型旋转起来，该命令使三维视图的操作及三维可视化变得十分容易。

【步骤解析】

1. 单击【动态观察】工具栏或三维导航控制台上的 按钮，或选取菜单命令【视图】/
   【动态观察】/【自由动态观察】，启动 3DFORBIT 命令。
2. 启动 3DFORBIT 命令，AutoCAD 围绕待观察的对象形成一个辅助圆，该圆被 4 个小圆
   分成 4 等分，如图10-8所示。辅助圆的圆心是观察目标点，当用户按住鼠标左键并拖动
   时，待观察的对象（或目标点）静止不动，而视点绕着 3D 对象旋转，显示结果是视图
   在不断地转动。

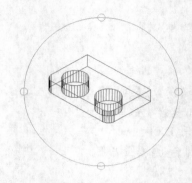

图10-8　三维动态观察

当用户想观察整个模型的部分对象时，应先选择这些对象，然后启动 3DFORBIT 命
令。此时，仅所选对象显示在屏幕上。若其没有处在动态观察器的大圆内，就单击鼠标右
键，选取【范围缩放】选项。

命令启动方法如下。

- 菜单命令:【视图】/【动态观察】/【自由动态观察】。
- 工具栏:【动态观察】工具栏及三维导航控制台上的 按钮。

启动 3DFORBIT 命令，AutoCAD 2008 窗口中就出现一个大圆和 4 个均布的小圆，如
图 10-8 所示。当鼠标光标移至圆的不同位置时，其形状将发生变化，不同形状的鼠标光标表
明了当前视图的旋转方向。

(1) 球形光标 。

鼠标光标位于辅助圆内时，就变为 形状，此时可假想一个球体将目标对象包裹起来。单
击并拖动光标，就使球体沿鼠标光标拖曳的方向旋转，因而模型视图也就旋转起来了。

(2) 圆形光标 。

移动鼠标光标到辅助圆外，鼠标光标就变为 形状。按住鼠标左键并将鼠标光标沿辅
助圆拖曳，就使 3D 视图旋转，旋转轴垂直于屏幕并通过辅助圆心。

(3) 水平椭圆形光标 。

当把鼠标光标移动到左、右小圆的位置时，鼠标光标就变为 形状。单击并拖曳鼠标

光标就使视图绕着一个铅垂轴线转动，此旋转轴线经过辅助圆心。

（4）竖直椭圆形光标 ⊕ 。

将鼠标光标移动到上、下两个小圆的位置时，鼠标光标就变为 ⊕ 形状。单击并拖曳鼠标光标将使视图绕着一个水平轴线转动，此旋转轴线经过辅助圆心。

当 3DFORBIT 命令激活时，单击鼠标右键，弹出快捷菜单，如图 10-9 所示。

图10-9　快捷菜单

此菜单中常用命令的功能介绍如下。

- 【其他导航模式】：对三维视图执行平移、缩放操作。
- 【平行】：激活平行投影模式。
- 【透视】：激活透视投影模式，透视图与眼睛观察到的图像极为接近。
- 【视觉样式】：提供了以下模型显示方式。
  【三维隐藏】：用三维线框表示模型并隐藏不可见线条。
  【三维线框】：用直线和曲线表示模型。
  【概念】：着色对象，效果缺乏真实感，但可以清晰地显示模型细节。
  【真实】：对模型表面进行着色，显示已附着于对象的材质。

任务二　创建三维实体的各个部分

依次绘制实体的各个部分，最后进行布尔运算，具体绘图过程，如图10-10所示。

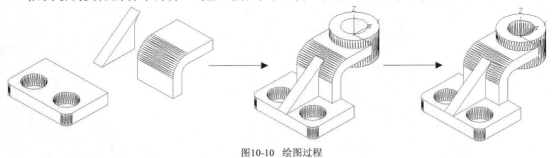

图10-10　绘图过程

（一）　弯板及三角形筋板

【步骤解析】

1. 建立新的用户坐标系，如图10-11所示。

命令：ucs	//输入新建坐标系命令
当前 UCS 名称：*世界*	
指定 UCS 的原点或 [面(F)/命名(NA)/对象(OB)/上一个(P)/视图(V)/世界(W)/X/Y/Z/Z	
轴(ZA)] <世界>：	//捕捉 A 点为坐标原点
指定 X 轴上的点或 <接受>：	//捕捉 B 点为 x 轴上的点
指定 XY 平面上的点或 <接受>：	//按 Enter 键

在 xy 平面内绘制弯板及三角形筋板的二维轮廓，并将其创建成面域，结果如图 10-12 所示。

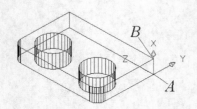
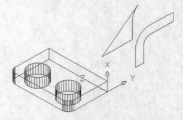

图10-11　建立新的用户坐标系　　　　　　　　　　图10-12　绘制二维轮廓并将其创建成面域

2. 形成三角形筋板实体模型，单击【建模】工具栏或三维制作控制台上的 按钮，，启动 EXTRUDE 命令。

命令：_extrude	
选择要拉伸的对象：找到 1 个	//选择面域
选择要拉伸的对象：	//按 Enter 键
指定拉伸的高度或 [方向(D)/路径(P)/倾斜角(T)] <50.0000>：6	
	//输入拉伸高度

用相同的方法创建弯板实体模型，结果如图10-13所示。

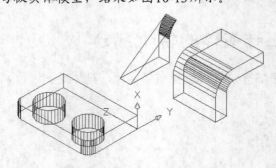

图10-13　形成弯板及筋板的实体模型

3. 用 MOVE 命令移动三维实体，如图10-14所示。

命令：_move	
选择对象：找到 1 个	//选择要移动的对象
选择对象：	//按 Enter 键
指定基点或 [位移(D)] <位移>：mid 于	//捕捉中点 C，如图 10-14 左图所示
指定第二个点或 <使用第一个点作为位移>：mid 于	//捕捉中点 D

结果如图10-14右图所示，用相同的方法移动三角形筋板。

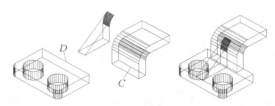

图10-14　移动实体

（二）　圆柱体

【步骤解析】

1. 返回世界坐标系。

　　命令: ucs　　　　　　　　　　　　　　　　　　　　　//启动 UCS 命令

　　指定 UCS 的原点或 [面(F)/命名(NA)/对象(OB)/上一个(P)/视图(V)/世界(W)/X/Y/Z/Z

　　轴(ZA)] <世界>:　　　　　　　　　　　　　　　　//按 Enter 键返回世界坐标系

2. 建立新的用户坐标系，如图10-15左图所示。

　　命令: ucs　　　　　　　　　　　　　　　　　　　　　//输入新建坐标系命令

　　指定 UCS 的原点或 [面(F)/命名(NA)/对象(OB)/上一个(P)/视图(V)/世界(W)/X/Y/Z/Z

　　轴(ZA)] <世界>: mid 于　　　　　　　　　　　　　//捕捉中点 E

　　指定 X 轴上的点或 <接受>:　　　　　　　　　　　//按 Enter 键

　　结果如图10-15左图所示。

3. 单击【建模】工具栏或三维制作控制台上的 🛢 按钮，启动 CYLINDER 命令。

　　命令: _cylinder

　　指定底面的中心点或 [三点(3P)/两点(2P)/相切、相切、半径(T)/椭圆(E)]:mid 于

　　　　　　　　　　　　　　　　　　　　　　　//捕捉中点 E，如图 10-15 左图所示

　　指定底面半径或 [直径(D)] <80.0000>: 12　　　　//输入圆柱体半径

　　指定高度或 [两点(2P)/轴端点(A)] <300.0000>: -16　　//输入圆柱体高度

　　命令: _move

　　选择对象: 找到 1 个　　　　　　　　　　　　　//选择圆柱体

　　选择对象:　　　　　　　　　　　　　　　　　//按 Enter 键

　　指定基点或 [位移(D)] <位移>:　　　　　　　　//任意单击一点

　　指定第二个点或 <使用第一个点作为位移>: 5　　//沿 z 轴方向追踪

结果如图 10-15 中图所示，使用相同的方法创建圆柱 F，如图 10-15 右图所示。

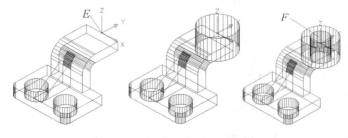

图10-15　创建圆柱体

（三） 布尔运算

对已经创建的三维实体进行布尔运算就能构建完整的三维模型。

【步骤解析】

1. 用 UNION 命令进行并运算。单击【建模】工具栏或三维制作控制台上的 ⬤ 按钮，AutoCAD 命令行提示如下。

```
命令: _union
选择对象: 找到 4 个            //底板、弯板、筋板及大圆柱体，如图 10-16 所示
选择对象:                     //按 Enter 键结束
```

结果如图 10-16 所示。

2. 用 SUBTRACT 命令进行差运算。单击【建模】工具栏或三维制作控制台上的 ⬤ 按钮，AutoCAD 命令行提示如下。

```
命令: _subtract
选择对象: 找到 1 个            //选择实体 G，如图 10-17 左图所示
选择对象:                     //按 Enter 键
选择要减去的实体或面域...
选择对象: 找到 1 个            //选择圆柱体
选择对象:                     //按 Enter 键结束
```

启动消隐命令 HIDE，结果如图 10-17 右图所示。

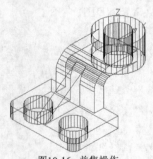

图10-16 并集操作

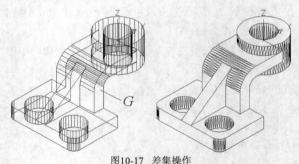

图10-17 差集操作

项目拓展

本项目拓展讲述 3D 的阵列、镜像、旋转及倒圆角和倒角的方法，还将介绍对三维模型面的操作等内容。

（一） 3D 阵列

3DARRAY 命令是二维 ARRAY 命令的 3D 版本。通过这个命令，用户可以在三维空间中创建对象的矩形或环形阵列。

【步骤解析】

1. 打开文件 "10-2.dwg"，用 3DARRAY 命令创建矩形及环形阵列。
2. 单击【修改】/【三维操作】/【三维阵列】，启动三维阵列命令。

```
命令: _3darray
选择对象: 找到 1 个                           //选择要阵列的对象, 如图 10-18 所示
选择对象:                                     //按 Enter 键
输入阵列类型 [矩形(R)/环形(P)] <矩形>:       //指定矩形阵列
输入行数 (---) <1>: 2                         //输入行数, 行的方向平行于 x 轴
输入列数 (|||) <1>: 3                         //输入列数, 列的方向平行于 y 轴
输入层数 (...) <1>: 3                         //指定层数, 层数表示沿 z 轴方向的分布数目
指定行间距 (---): 50                          //输入行间距, 如果输入负值, 阵列方向将沿 x 轴反方向
指定列间距 (|||): 80                          //输入列间距, 如果输入负值, 阵列方向将沿 y 轴反方向
指定层间距 (...): 120                         //输入层间距, 如果输入负值, 阵列方向将沿 z 轴反方向
```

3. 启动 HIDE 命令, 结果如图 10-18 所示。

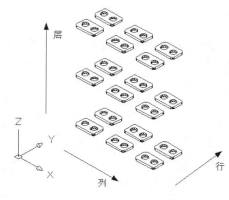

图10-18　矩形阵列

4. 如果选择"环形(P)"选项, 就能建立环形阵列, AutoCAD 提示如下。

```
输入阵列中的项目数目: 6                        //输入环形阵列的数目
指定要填充的角度 (+=逆时针, -=顺时针) <360>:
//输入环行阵列的角度值, 可以输入正值或负值, 角度正方向由右手螺旋法则确定
旋转阵列对象? [是(Y)/否(N)]<是>:              //按 Enter 键, 则阵列的同时还旋转对象
指定阵列的中心点:                             //指定旋转轴的第一点 A, 如图 10-19 所示
指定旋转轴上的第二点:                         //指定旋转轴的第二点 B
```

5. 启动 HIDE 命令, 结果如图10-19所示。

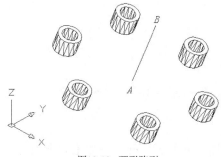

图10-19　环形阵列

【知识链接】

命令启动方法如下。

- 菜单命令：【修改】/【三维操作】/【三维阵列】。
- 命令：3DARRAY。

阵列轴的正方向是从第 1 个指定点指向第 2 个指定点的，沿该方向伸出大拇指，则其他 4 个手指的弯曲方向就是阵列角度的正方向。

（二） 3D 镜像

如果镜像线是当前平面内的直线，则使用常见的 MIRROR 命令就可进行 3D 对象的镜像复制。但若想以某个平面作为镜像平面来创建 3D 对象的镜像复制，就必须使用 MIRROR3D 命令。如图 10-20 左图所示，把点 A、B、C 定义的平面作为镜像平面对实体进行镜像。

【步骤解析】

1. 打开文件 "10-3.dwg"，用 MIRROR3D 命令创建对象的三维镜像。
2. 单击【修改】/【三维操作】/【三维镜像】，启动三维镜像命令。

```
命令：_mirror3d
选择对象：找到 1 个                          //选择要镜像的对象
选择对象：                                  //按 Enter 键
指定镜像平面（三点）的第一个点或[对象(O)/最近的(L)/Z 轴(Z)/视图(V)/XY 平面
(XY)/YZ 平面(YZ)/ZX 平面(ZX)/三点(3)]<三点>：
                    //利用 3 点指定镜像平面，捕捉第一点 A，如图 10-20 所示
在镜像平面上指定第二点：                    //捕捉第二点 B
在镜像平面上指定第三点：                    //捕捉第三点 C
是否删除源对象？[是(Y)/否(N)] <否>：        //按 Enter 键不删除原对象
```

结果如图 10-20 所示。

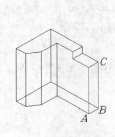 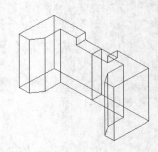

图10-20　镜像

【知识链接】

(1) 命令启动方法如下。

- 菜单命令：【修改】/【三维操作】/【三维镜像】。
- 命令：MIRROR3D。

(2) 命令选项介绍如下。

- 对象：以圆、圆弧、椭圆和 2D 多段线等二维对象所在的平面作为镜像平面。

- 最近的：该选项指定上一次 MIRROR3D 命令使用的镜像平面作为当前镜像面。
- Z 轴：用户在三维空间中指定两个点，镜像平面将垂直于两点的连线，并通过第一个选取点。
- 视图：镜像平面平行于当前视区，并通过用户的拾取点。
- XY 平面、YZ 平面、ZX 平面：镜像平面平行于 xy、yz 或 zx 平面，并通过用户的拾取点。

（三） 3D 旋转

使用 ROTATE 命令仅能使对象在 xy 平面内旋转，即旋转轴只能是 z 轴。ROTATE3D 及 3DROTATE 命令是 ROTATE 的 3D 版本，这两个命令能使对象绕 3D 空间中任意轴旋转。此外，ROTATE3D 命令还能旋转实体的表面（按住 Ctrl 键选择实体表面）。下面介绍这两个命令的用法。

3DROTATE 命令

【步骤解析】

1. 打开文件 "10-4.dwg"。
2. 单击【建模】工具栏或三维制作控制台上的 ⊕ 按钮，启动 3DROTATE 命令，选择要旋转的对象，按 Enter 键，AutoCAD 2008 显示附着在鼠标光标上的旋转工具，如图10-21左图所示，该工具包含表示旋转方向的 3 个辅助圆。
3. 移动鼠标光标到 A 点处，并捕捉该点，旋转工具就被放置在此点，如图10-21左图所示。
4. 将鼠标光标移动到圆 B 处，停住鼠标光标直至圆变为黄色，同时出现以圆为回转方向的回转轴，单击确认。回转轴与当前坐标系的坐标轴是平行的，且轴的正方向与坐标轴正向一致。
5. 输入回转角度值 "-90°"，结果如图 10-21 右图所示。角度正方向按右手螺旋法则确定。也可单击一点指定回转起点，然后再单击一点指定回转终点。

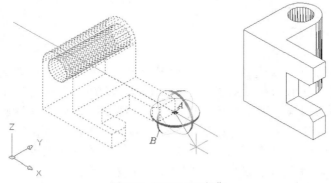

图10-21　3DROTATE 操作

【知识链接】
命令启动方法如下。
- 菜单命令：【修改】/【三维操作】/【三维旋转】。
- 工具栏：【建模】工具栏上的 ⊕ 按钮。
- 命令：3DROTATE。

- 面板：【三维制作】控制台上的 ⊕ 按钮。

🔑 **ROTATE3D 命令**

ROTATE3D 命令没有提供指示回转方向的辅助工具，但使用此命令时，可通过拾取两点来设置回转轴。在这一点上，3DROTATE 命令没有它便利，它只能沿与当前坐标轴平行的方向来设置回转轴。

【步骤解析】

1. 打开文件 "10-5.dwg"，用 ROTATE3D 命令旋转 3D 对象。

命令: _rotate3d	//输入 ROTATE3D 命令
选择对象：找到 1 个	//选择要旋转的对象
选择对象：	//按 Enter 键
指定轴上的第一个点或定义轴依据[对象(O)/最近的(L)/视图(V)/X 轴(X)/Y 轴(Y)/Z 轴(Z)/两点(2)]:	//指定旋转轴上的第一点 A，如图10-22所示
指定轴上的第二点：	//指定旋转轴上的第二点 B
指定旋转角度或 [参照(R)]: 60	//输入旋转的角度值

2. 启动 HIDE 命令，结果如图10-22右图所示。

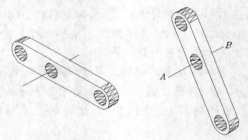

图10-22 ROTATE3D 操作

【知识链接】

(1) 命令启动方法如下。

- 命令：ROTATE3D。

(2) 命令选项介绍如下。

- 对象(O)：系统根据所选择的对象来设置旋转轴。如果用户选择直线，则该直线就是旋转轴，而且旋转轴的正方向是从选择点开始指向远离选择点的那一端。若选择了圆或圆弧，则旋转轴通过圆心并与圆或圆弧所在的平面垂直。
- 最近的(L)：该选项将上一次使用 ROTATE3D 命令时定义的轴作为当前旋转轴。
- 视图(V)：旋转轴与当前观察方向平行，并通过用户的选取点。
- X 轴(X)：旋转轴平行于 X 轴，并通过用户的选取点。
- Y 轴(Y)：旋转轴平行于 Y 轴，并通过用户的选取点。
- Z 轴(Z)：旋转轴平行于 Z 轴，并通过用户的选取点。
- 两点(2)：通过指定两点来设置旋转轴。
- 指定旋转角度：输入正的或负的旋转角，角度正方向由右手螺旋法则确定。
- 参照(R)：选择该选项，系统将提示"指定参照角 <0>:"，输入参考角度值或拾取两点指定参考角度，当系统继续提示"指定新角度:"时，再输入新的角度

值或拾取另外两点指定新参考角，新角度减去初始参考角就是实际旋转角
度。常用"参照(R)"选项将 3D 对象从最初位置旋转到与某一方向对齐的另一
位置。

使用 ROTATE3D 命令时，应注意确定旋转轴的正方向。当旋转轴平行于坐标轴时，坐
标轴的方向就是旋转轴的正方向。若通过两点来指定旋转轴，那么轴的正方向是从第一个选
取点指向第二个选取点。

（四） 3D 倒圆角及倒角

本操作将介绍 3D 倒圆角和倒角的方法。

🔑 3D 倒圆角

FILLET 命令可以给实体的棱边倒圆角，该命令对表面模型不适用。在 3D 空间中使用此命
令时与在 2D 中使用有一些不同，用户不必事先设定倒角的半径值，系统会提示用户进行设定。

【步骤解析】

1. 打开文件"10-6.dwg"，用 FILLET 命令给 3D 对象倒圆角。

命令：_fillet	//单击【修改】工具栏上的 ▱ 按钮
选择第一个对象或 [放弃(U)/多段线(P)/半径(R)/修剪(T)/多个(M)]：	
	//选择棱边 A，如图 10-23 左图所示
输入圆角半径<10.0000>:15	//输入圆角半径
选择边或 [链(C)/半径(R)]：	//选择棱边 B
选择边或 [链(C)/半径(R)]：	//选择棱边 C
选择边或 [链(C)/半径(R)]：	//按 Enter 键结束

2. 启动 HIDE 命令，结果如图 10-23 右图所示。

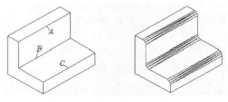

图10-23 倒圆角

【知识链接】

命令选项介绍如下。

- 选择边：可以连续选择实体的倒角边。
- 链(C)：如果各棱边是相切的关系，则选择其中一个边，所有这些棱边都将被选中。
- 半径(R)：该选项使用户可以为随后选择的棱边重新设定圆角半径。

🔑 3D 倒角

倒角命令 CHAMFER 只能用于实体，而对表面模型不适用。在对 3D 对象应用此命令
时，系统的提示顺序与二维对象倒角时不同。

【步骤解析】

1. 打开文件 "10-7.dwg"，用 CHAMFER 命令给 3D 对象倒角。

```
命令：_chamfer                                    //单击【修改】工具栏上的 ⌐ 按钮
选择第一条直线或 [放弃(U)/多段线(P)/距离(D)/角度(A)/修剪(T)/方式(E)/多个
(M)]：
                                                  //选择棱边 E，如图 10-24 左图所示
基面选择...                                       //平面 A 高亮显示
输入曲面选择选项 [下一个(N)/当前(OK)] <当前>：n
                                                  //利用"下一个(N)"选项指定平面 B 为倒角基面
输入曲面选择选项 [下一个(N)/当前(OK)] <当前>：      //按 Enter 键
指定基面的倒角距离 <15.0000>：10                    //输入基面内的倒角距离
指定其他曲面的倒角距离 <15.0000>：10                //输入另一平面内的倒角距离
选择边或[环(L)]：                                  //选择棱边 E
选择边或[环(L)]：                                  //选择棱边 F
选择边或[环(L)]：                                  //选择棱边 G
选择边或[环(L)]：                                  //选择棱边 H
选择边或[环(L)]：                                  //按 Enter 键结束
```

2. 启动 HIDE 命令，结果如图 10-24 右图所示。

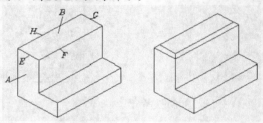

图10-24 3D 倒角

【知识链接】

实体的棱边是两个面的交线，当第一次选择棱边时，系统将高亮显示其中一个面，这个面代表倒角基面，用户可以通过"下一个(N)"选项使另一个表面成为倒角基面。

命令选项介绍如下。

- 选择边：选择基面内要倒角的棱边。
- 环(L)：该选项使用户可以一次选中基面内的所有棱边。

（五） 拉伸面

AutoCAD 2008 可以根据指定的距离拉伸面或将面沿某条路径进行拉伸。拉伸时，如果是输入拉伸距离值，那么还可输入锥角，这样将使拉伸所形成的实体锥化。图 10-25 是将实体面按指定的距离、锥角及沿路径进行拉伸的结果。

当用户输入距离值来拉伸面时，面将沿着其法线方向移动。若指定路径进行拉伸，则系统形成拉伸实体的方式会依据不同性质的路径（如直线、多段线、圆弧或样条线等）而各有特点。

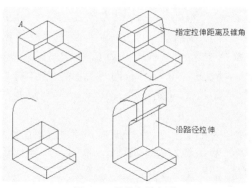

图10-25　拉伸实体表面

【步骤解析】

1.　拉伸实体表面 A，如图10-25所示。

2.　打开文件 "10-8.dwg"，利用 SOLIDEDIT 命令拉伸实体表面。单击【实体编辑】工具栏上的 ⬚ 按钮，AutoCAD 2008 提示内容如下。

```
命令: _ solidedit
选择面或 [放弃(U)/删除(R)]: 找到一个面。     //选择实体表面 A，如图 10-25 所示
选择面或 [放弃(U)/删除(R)/全部(ALL)]:       //按 Enter 键
指定拉伸高度或 [路径(P)]: 50                  //输入拉伸的距离
指定拉伸的倾斜角度 <0>: 5                      //指定拉伸的锥角
```

结果如图 10-25 所示。

【知识链接】

选择要拉伸的实体表面后，系统提示"指定拉伸高度或 [路径(P)]:"，各选项功能介绍如下。

- 指定拉伸高度：输入拉伸距离及锥角来拉伸面。对于每个面规定其外法线方向是正方向，当输入的拉伸距离是正值时，面将沿其外法线方向移动，否则，将向相反方向移动。在指定拉伸距离后，系统会提示输入锥角，若输入正的锥角值，则将使面向实体内部锥化，否则将使面向实体外部锥化，如图 10-26 所示。

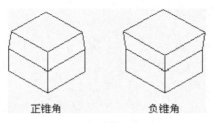

正锥角　　　　　负锥角

图10-26　拉伸并锥化面

如果用户指定的拉伸距离及锥角都较大时，可能使面在到达指定的高度前已缩小成为一个点，这时系统将提示拉伸操作失败。

- 路径(P)：沿着一条指定的路径拉伸实体表面。拉伸路径可以是直线、圆弧、多

段线及 2D 样条线等。作为路径的对象不能与要拉伸的表面共面，也应避免路径曲线的某些局部区域有较大的曲率，否则可能使新形成的实体在路径曲率较高处出现自相交的情况，从而导致拉伸失败。

拉伸路径的一个端点一般应在要拉伸的面内，如果不是这样，系统将把路径移动到面轮廓的中心。拉伸面时，面从初始位置开始沿路径运动，直至路径终点结束，在终点位置被拉伸的面与路径是垂直的。

如果拉伸的路径是 2D 样条曲线，拉伸完成后，在路径起始点和终止点处被拉伸的面都将与路径垂直。若路径中相邻两条线段是非平滑过渡的，则系统沿着每一线段拉伸面后，将把相邻两段实体缝合在其交角的平分处。

 用户可用 PEDIT 命令的"合并(J)"选项将一平面内的连续几段线条连接成多段线，这样就可以将其定义为拉伸路径了。

（六） 移动面

用户可以通过移动面来修改实体的尺寸或改变某些特征（如孔和槽等）的位置。如图 10-27 所示，将实体的顶面 A 向上移动，并把孔 B 移动到新的地方。用户可以通过对象捕捉或输入位移值来精确地调整面的位置，系统在移动面的过程中将保持面的法线方向不变。

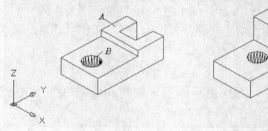

图10-27 移动面

【步骤解析】

1. 沿 Y 轴方向移动孔的表面 B，如图 10-27 所示。
2. 打开文件"10-9.dwg"，利用 SOLIDEDIT 命令移动实体表面。单击【实体编辑】工具栏上的 ⬚ 按钮，AutoCAD 2008 提示如下。

```
命令：_solidedit
选择面或 [放弃(U)/删除(R)]：找到一个面    //选择孔的表面 B，如图 10-27 左图所示
选择面或 [放弃(U)/删除(R)/全部(ALL)]：   //按 Enter 键
指定基点或位移：0,70,0                    //输入沿坐标轴移动的距离
指定位移的第二点：                        //按 Enter 键
```

3. 启动 HIDE 命令，结果如图10-27右图所示。

如果指定了两点，AutoCAD 2008 就根据这两点定义的矢量来确定移动的距离和方向。若在提示"指定基点或位移:"时，输入一个点的坐标，当提示"指定位移的第二点:"时，按 Enter 键，系统将根据输入的坐标值把选定的面沿着面法线方向移动。

（七）　偏移面

对于三维实体，用户可通过偏移面来改变实体及孔、槽等特征的大小。进行偏移操作时，用户可以直接输入数值或拾取两点来指定偏移的距离，随后系统根据偏移距离沿表面的法线方向移动面的位置。如图 10-28 所示，把顶面 A 向下偏移，再将孔的表面向外偏移。输入正的偏移距离，将使表面向其外法线方向移动，否则被编辑的面将向相反的方向移动。

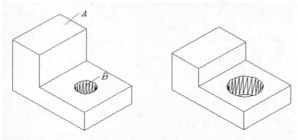

图10-28　偏移面

【步骤解析】

1. 偏移孔的表面 B，如图10-28所示。
2. 打开文件 "10-10.dwg"，利用 SOLIDEDIT 命令偏移实体表面。单击【实体编辑】工具栏上的 按钮，AutoCAD 2008 主要提示如下。

```
命令: _solidedit
选择面或 [放弃(U)/删除(R)]: 找到一个面。 //选择圆孔表面 B，如图 10-28 左图所示
选择面或 [放弃(U)/删除(R)/全部(ALL)]:  //按 Enter 键
指定偏移距离: -20                      //输入偏移距离
```

3. 启动 HIDE 命令，结果如图 10-28 右图所示。

（八）　旋转面

通过旋转实体的表面就可改变面的倾斜角度或将一些结构特征（如孔、槽等）旋转到新的方位。如图 10-29 所示，将 A 面的倾斜角修改为120°，并把槽旋转90°。

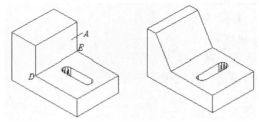

图10-29　旋转面

在旋转面时，用户可通过拾取两点、选择某条直线或设定旋转轴平行于坐标轴等方法来指定旋转轴。另外，应注意确定旋转轴的正方向。

【步骤解析】

1. 将实体表面 A 绕 DE 轴旋转，如图10-29所示。
2. 打开文件 "10-11.dwg"，利用 SOLIDEDIT 命令旋转实体表面。单击【实体编辑】工具

栏上的 按钮，AutoCAD 2008 主要提示如下。

```
命令：_solidedit
选择面或 [放弃(U)/删除(R)]：找到一个面。                    //选择表面 A
选择面或 [放弃(U)/删除(R)/全部(ALL)]：                     //按 Enter 键
指定轴点或 [经过对象的轴(A)/视图(V)/X 轴(X)/Y 轴(Y)/Z 轴(Z)] <两点>：
                              //指定旋转轴上的第一点 D，如图 10-29 左图所示
在旋转轴上指定第二个点：                                  //指定旋转轴上的第二点 E
指定旋转角度或 [参照(R)]：-30                            //输入旋转角度
```

3. 启动 HIDE 命令，结果如图 10-29 右图所示。

【知识链接】

选择要旋转的实体表面后，系统提示"指定轴点或 [经过对象的轴(A)/视图(V)/X 轴(X)/Y 轴(Y)/Z 轴(Z)]<两点>:"，各选项功能如下。

- 两点：指定两点来确定旋转轴，轴的正方向是由第一个选择点指向第二个选择点。
- 经过对象的轴(A)：通过图形对象来定义旋转轴。若选择直线，则所选直线即是旋转轴。若选择圆或圆弧，则旋转轴通过圆心且垂直于圆或圆弧所在的平面。
- 视图(V)：旋转轴垂直于当前视图，并通过拾取点。
- x 轴(x)、y 轴(y)、z 轴(z)：旋转轴平行于 x、y 或 z 轴，并通过拾取点。旋转轴的正方向与坐标轴的正方向一致。
- 指定旋转角度：输入正的或负的旋转角，旋转角的正方向由右手螺旋法则确定。
- 参照(R)：该选项允许用户指定旋转的起始参考角和终止参考角，这两个角度的差值就是实际的旋转角，此项常常用来使表面从当前的位置旋转到另一指定的方位。

（九） 锥化面

用户可以沿指定的矢量方向使实体表面产生锥度。如图 10-30 所示，选择圆柱表面 A 使其沿矢量 EF 方向锥化，结果圆柱面变为圆锥面。如果选择实体的某一平面进行锥化操作，则将使该平面倾斜一个角度，如图 10-30 所示。

进行面的锥化操作时，其倾斜方向由锥角的正负号及定义矢量时的基点决定。若输入正的锥度值，则将已定义的矢量绕基点向实体内部倾斜，否则向实体外部倾斜。矢量的倾斜方式表明了被编辑表面的倾斜方式。

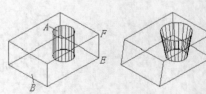

图10-30 锥化面

【步骤解析】

1. 打开文件"10-12.dwg"，利用 SOLIDEDIT 命令使实体表面锥化。
2. 单击【实体编辑】工具栏上的 按钮，AutoCAD 2008 主要提示如下。

```
选择面或 [放弃(U)/删除(R)]：找到一个面。        //选择圆柱面 A，如图10-30所示
选择面或 [放弃(U)/删除(R)/全部(ALL)]：找到一个面 //选择平面 B
选择面或 [放弃(U)/删除(R)/全部(ALL)]：          //按 Enter 键
```

指定基点：	//捕捉端点 *E*
指定沿倾斜轴的另一个点：	//捕捉端点 *F*
指定倾斜角度：10	//输入倾斜角度

结果如图10-30所示。

（十） 编辑实心体的棱边

对于实心体模型，可以复制其棱边或改变某一棱边的颜色。

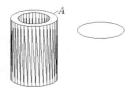

图10-31 编辑实心体的棱边

- 按钮：把实心体的棱边复制成直线、圆、圆弧和样条线等图形。如图10-31所示，将实体的棱边 *A* 复制成圆，复制棱边时，操作方法与常用的 COPY 命令类似。
- 按钮：利用此按钮用户可以改变棱边的颜色。将棱边改变为特殊的颜色后，就能增加着色效果。

 通过复制棱边的功能，就能获得实体的结构特征信息，如孔和槽等特征的轮廓线框，然后可利用这些信息生成新实体。

（十一） 抽壳

用户可以利用抽壳的方法将一个实心体模型创建成一个空心的薄壳体。在使用抽壳功能时，用户需要设定壳体的厚度，并选择要删除的面，然后系统把实体表面偏移指定厚度值以形成新的表面。这样，原来的实体就变为一个薄壳体，而在删除表面的位置就形成了壳体的开口。图 10-32 是把实体进行抽壳并去除其顶面的结果。如果指定正的壳体厚度值，系统就在实体内部创建新面，否则在实体的外部创建新面。

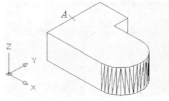

图10-32 抽壳

【步骤解析】

1. 打开文件 "10-13.dwg"，利用 SOLIDEDIT 命令创建一个薄壳体。单击【实体编辑】工具栏上的 按钮，AutoCAD 2008 主要提示如下。

选择三维实体：	//选择要抽壳的对象
删除面或 [放弃(U)/添加(A)/全部(ALL)]：找到一个面，已删除 1 个	
	//选择要删除的表面 *A*，如图 10-32 左图所示
删除面或 [放弃(U)/添加(A)/全部(ALL)]：	//按 Enter 键
输入抽壳偏移距离：100	//输入壳体厚度

2. 启动 HIDE 命令，结果如图 10-32 右图所示。

（十二） 压印

压印（Imprint）可以把圆、直线、多段线、样条曲线、面域及实心体等对象压印到三维实体上，使其成为实体的一部分。用户必须使被压印的几何对象在实体表面内或与实体表面相交，压印操作才能成功。压印时，系统将创建新的表面，该表面以被压印的几何图形和实体的棱边作为边界，用户可以对生成的新面进行拉伸、偏移、复制及移动等操作。如图 10-33 所示，将圆压印在实体上，并将新生成的面向上拉伸。

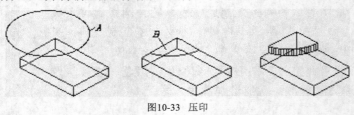

图10-33　压印

【步骤解析】

1. 打开文件 "10-14.dwg"。
2. 单击【实体编辑】工具栏上的 ⬚ 按钮，AutoCAD 2008 主要提示如下。

选择三维实体：	//选择实体模型
选择要压印的对象：	//选择圆 A，如图 10-33 所示
是否删除源对象 [是(Y)/否(N)] <N>: y	//删除圆 A
选择要压印的对象：	//按 Enter 键结束

结果如图 10-33 所示。

3. 单击【实体编辑】工具栏上的 ⬚ 按钮，AutoCAD 2008 主要提示如下。

选择面或 [放弃(U)/删除(R)]：找到一个面。	//选择表面 B
选择面或 [放弃(U)/删除(R)/全部(ALL)]:	//按 Enter 键
指定拉伸高度或 [路径(P)]: 20	//输入拉伸高度
指定拉伸的倾斜角度 <0>:	//按 Enter 键结束

结果如图 10-33 所示。

（十三） 与实体显示有关的系统变量

与实体显示有关的系统变量有 3 个，分别是 ISOLINES、FACETRES 和 DISPSILH，分别介绍如下。

- ISOLINES：此变量用于设定实体表面网格线的数量，如图10-34 所示。
- FACETRES：用于设置实体消隐或渲染后的表面网格密度，此变量值的范围为 0.01~10.0，值越大表明网格越密，消隐或渲染后表面越光滑，如图10-35 所示。
- DISPSILH：用于控制消隐时是否显示出实体表面网格线。若此变量值为 0，则显示网格线；若为 1，不显示网格线。如图10-36 所示。

ISOLINES=10　ISOLINES=30

图10-34　ISOLINES 变量

FACETRES=1.0　FACETRES=10.0

图10-35　FACETRES 变量

DISPSILH=0　DISPSILH=1

图10-36　DISPSILH 变量

（十四）　用户坐标系

默认情况下，AutoCAD 2008 坐标系是世界坐标系，该坐标系是一个固定坐标系。用户也可以在三维空间中建立自己的坐标系（UCS），该坐标系是一个可变动的坐标系，坐标轴正方向按右手螺旋法则确定。在绘制三维图形时，UCS 坐标系特别有用，因为用户可以在任意位置、沿任意方向建立 UCS，从而使三维绘图变得更加容易。

在 AutoCAD 2008 中，多数 2D 命令只能在当前坐标系的 *XY* 平面或与 *XY* 平面平行的平面内执行，若用户想在 3D 空间的某一平面内使用 2D 命令，则应沿此平面位置创建新的 UCS。

【步骤解析】

1. 打开文件 "10-15.dwg"。
2. 改变坐标原点。输入 UCS 命令，AutoCAD 2008 提示如下。

```
命令: ucs                                              //输入 UCS 命令
指定 UCS 的原点或 [面(F)/命名(NA)/对象(OB)/上一个(P)/视图(V)/世界
(W)/X/Y/Z/Z 轴(ZA)] <世界>:                            //捕捉 A 点, 如图 10-37 所示
指定 X 轴上的点或 <接受>:                                //按 Enter 键
```

结果如图10-37 所示。

3. 将 UCS 坐标系绕 *X* 轴旋转 90°。

```
命令: ucs
指定 UCS 的原点或 [面(F)/X/Y/Z/Z 轴(ZA)] <世界>: x      //使用 "X" 选项
指定绕 X 轴的旋转角度 <90>: 90                           //输入旋转角度
```

结果如图10-38 所示。

4. 利用 3 点定义新坐标系。

```
命令: ucs
指定 UCS 的原点或 <世界>:                                //捕捉 B 点
指定 X 轴上的点或 <接受>:                                //捕捉 C 点
指定 XY 平面上的点或 <接受>:                              //捕捉 D 点
```

结果如图10-39 所示。

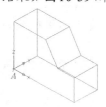  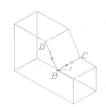

图10-37　改变坐标原点　　　　图10-38　将 UCS 坐标系绕 *X* 轴旋转 90°　　　　图10-39　用 3 点定义新坐标系

（十五） 利用布尔运算构建复杂实体模型

前面读者已经学习了如何生成基本三维实体及怎样由二维对象转换得到三维实体。将这些简单实体放在一起，然后进行布尔运算就能构建复杂的三维模型。

下面绘制图10-40所示的组合体实体模型，通过这个例子向读者演示三维建模的过程。

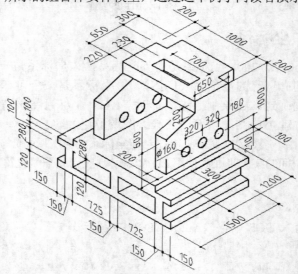

图10-40 利用布尔运算构建复杂实体模型

【步骤解析】

1. 创建一个新图形文件。
2. 选取菜单命令【视图】/【三维视图】/【东南等轴测】，切换到东南轴测视图。将坐标系绕 x 轴旋转 90°，在 xy 平面画二维图形，再把此图形创建成面域，如图10-41 左图所示，拉伸面域形成立体，如图 10-41 右图所示。
3. 将坐标系绕 y 轴旋转 90°，在 xy 平面画二维图形，再把此图形创建成面域，如图10-42 左图所示，拉伸面域形成立体，如图 10-42 中图所示。

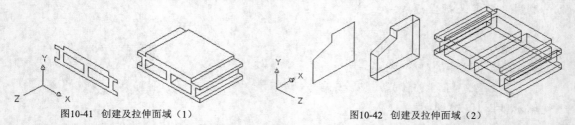

图10-41 创建及拉伸面域（1）　　　　图10-42 创建及拉伸面域（2）

4. 用 MOVE 命令将新建立体移动到正确位置，再复制它，然后对所有立体执行"并"运算，如图10-43所示。
5. 创建 3 个圆柱体，圆柱体高度为 1 400，如图 10-44 左图所示，利用"差"运算将圆柱体从模型中去除，如图10-44 右图所示。

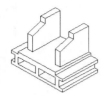

图10-43　执行"并"运算

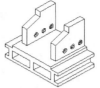

图10-44　创建圆柱体及执行"差"运算

6. 返回世界坐标系，在 *xy* 平面画二维图形，再把此图形创建成面域，如图 10-45 左图所示，拉伸面域形成立体，如图 10-45 中图所示。

7. 用 MOVE 命令将新建立体移动到正确的位置，再对所有立体执行"并"运算，如图 10-46 所示。

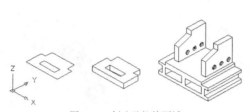

图10-45　创建及拉伸面域

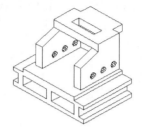

图10-46　移动立体及执行"并"运算

实训一　创建实体模型（1）

要求：绘制图10-47所示的三维实体模型。

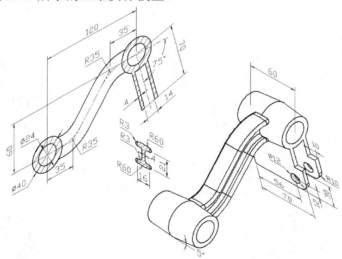

图10-47　创建实体模型

1. 选取菜单命令【视图】/【三维视图】/【东南等轴测】，切换到东南轴测视图。

2. 创建新坐标系，在 *XY* 平面内绘制平面图形，其中连接两圆心的线条为多段线，如图10-48 所示。

3. 拉伸两个圆形成立体 *A*、*B*，如图10-49 所示。

4. 对立体 *A*、*B* 进行镜像操作，结果如图10-50 所示。

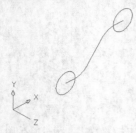

图10-48 绘制平面图形

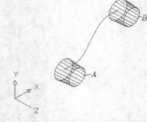

图10-49 拉伸圆成立体

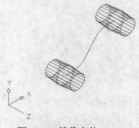

图10-50 镜像立体 A、B

5. 创建新坐标系，在 *XY* 平面内绘制平面图形，并将该图形创建成面域，如图 10-51 所示。

6. 沿多段线路径拉伸面域，创建立体，结果如图 10-52 所示。

7. 创建新坐标系，在 *XY* 平面内绘制平面图形，并将该图形创建成面域，如图 10-53 所示。

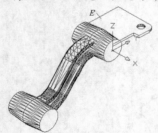

图10-51 创建面域

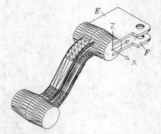

图10-52 拉伸面域成立体

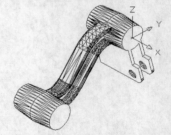

图10-53 创建面域

8. 拉伸面域形成立体，并将该立体移动到正确的位置，如图 10-54 所示。

9. 以 *XY* 平面为镜像面镜像立体 *E*，结果如图 10-55 所示。

10. 将立体 *E*、*F* 绕 *X* 轴逆时针旋转 75° 角，再对所有立体执行"并"运算，结果如图 10-56 所示。

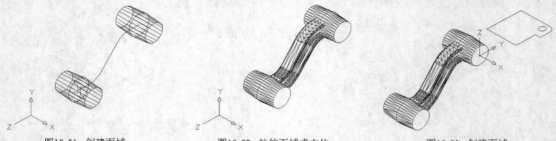

图10-54 形成并移动立体 E

图10-55 镜像立体 E

图10-56 旋转立体并执行"并"运算

11. 将坐标系绕 *Y* 轴旋转 90°，然后绘制圆柱体 *G*、*H*，如图 10-57 所示。

12. 将圆柱体 *G*、*H* 从模型中"减去"，结果如图 10-58 所示。

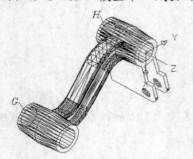

图10-57 绘制圆柱体

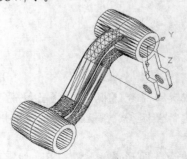

图10-58 "减去"立体 G、H

实训二　创建实体模型（2）

要求：绘制图10-59所示的立体实体模型。

主要作图步骤如图10-60所示。

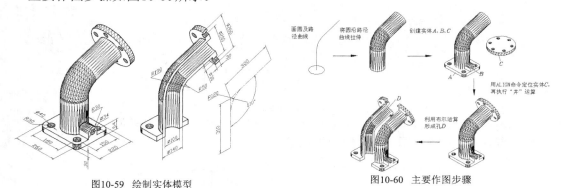

图10-59　绘制实体模型　　　　　图10-60　主要作图步骤

 ## 项目小结

本项目主要内容总结如下。

- 利用标准视点观察模型及动态旋转模型。
- 绘制长方体、圆柱体和球体等基本立体的实体模型。
- 拉伸圆、矩形、闭合多段线及面域等二维对象生成三维实体。
- 将圆、矩形、闭合多段线及面域等二维对象绕轴旋转生成三维实体。
- 阵列、旋转和镜像三维模型，编辑实体模型的表面。
- 实体间的布尔运算：并运算、差运算、交运算。
- 通过布尔运算构建复杂三维模型。

 ## 思考与练习

1. 绘制图 10-61 所示的立体实心体模型。
2. 绘制图 10-62 所示的立体实心体模型。

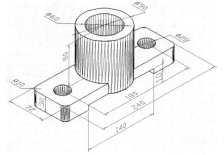　　　　　　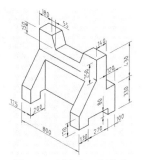

图10-61　创建实心体模型　　　　　图10-62　创建实心体模型

3. 绘制图10-63所示的立体实心体模型。

4. 根据二维视图绘制实心体模型，如图10-64所示。

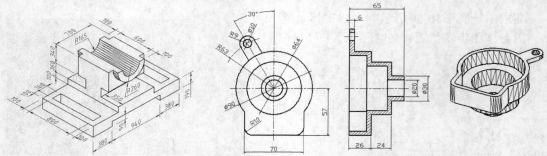

图10-63 创建实心体模型　　　　　　　　　　　　图10-64 根据二维视图绘制实心体模型

5. 绘制图10-65 所示的立体实心体模型。

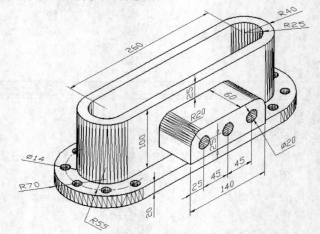

图10-65 绘制实心体模型

6. 绘制图10-66所示的立体实心体模型。

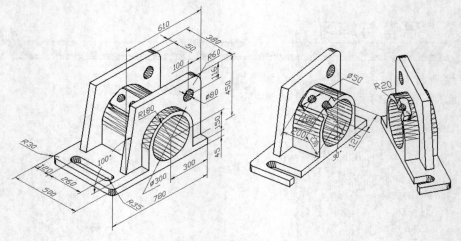

图10-66 创建实心体模型